半導体
SILICON STRATEGIES
NAVIGATING THE SEMICONDUCTOR POWER PLAY
逆転戦略
日本復活に必要な経営を問う

長内 厚
OSANAI ATSUSHI

日本経済新聞出版

はじめに

自動車やスマートフォンをはじめ、ほとんどの家電製品はいまやＩＣ（半導体集積回路）なくして成り立たなくなりました。このように、もはや生活必需品となった半導体ですが、最先端の半導体はＩＴ、ＡＩなどの技術の優劣の決め手にもなり、これらの技術は民生用だけでなく、軍事用途にも応用されています。ウクライナとロシアとの戦争では、ドローンや誘導兵器が多く使われていますが、これらには多くの半導体が使われており、半導体とソフトウエアの技術によって、戦争の行方さえも決まってくるような状況です。

一方で、家電製品や自動車に使われている半導体製品は、２０２０年ごろから世界的にその不足が叫ばれていました。自動車の新車納入時期が延びる、ＰＣやスマートフォンなどの通信機器の供給が滞る、そのほかにも機能制御のために半導体が欠かせない各種の家電製品の生産・流通など、大きな影響が出ています。

半導体不足は複合的な要因で発生しています。コロナ禍によりリモートワークが増えたため急激にＰＣやタブレットなどの機器の需要が増え、自動車産業では自動運転技術等の進化により自動車に使われる半導体が急増していることも一因ですし、ウクライナ危機や、米中の経済摩擦によって、ゲルマニウムやガリウムといった半導体に使われる希少金属が輸出規制になるなど、材料レベルでの半導体の正常な流通が阻まれていることも大きな原因となっています。一方で２０２４年に入り、半導体不足は急速に解消したとの報道もあり、この業界の不確実性の高さを物語っています。

　さらに、半導体不足が長引いたのは、不足する半導体に偏りがあるためです。現在の半導体製品はメモリとロジックＩＣに大別できます。メモリとはデータを記憶する半導体、ロジックＩＣとは演算を行う半導体と理解していただければ結構です。今日不足しているのは、22／28ナノプロセスと呼ばれる回路幅が22～28ナノメートルの半導体など比較的古い技術の製品です。現在ではさらに高精細な３ナノプロセスの最先端半導体の生産が始まっています。

　３ナノに比べると28ナノは古い技術、具体的には10年ほど前の最新技術になるのですが、28ナノの半導体は、自動車や家電製品の制御や、スマートフォン、ＰＣに使われるメインのロジックＩＣではないものの、各種機器の制御に必要な半導体部品を構成していますつまり、最先端のロジックＩＣやメモリ製品については、必ずしも不足していませんし、メモリ製品の価格は２０２３年度も下落トレンドにあります。

古い技術の半導体が不足していることも昨今の半導体不足の解消を遅らせています。というのも、半導体メーカーにとっては、最先端半導体のほうが利益を大きく取れるので、あえて利益率の低い古い半導体の生産を増強するために設備投資をしたいとは思いません。さらに、半導体の需要には波がありますので、需要が一巡すれば、再び半導体が余るということもあり得ますし、現にそうした懸念がささやかれはじめています。

一部報道によれば、熊本に建設中の台湾積体電路製造（ＴＳＭＣ）の22／28ナノプロセスの工場も完成した頃には半導体不足が解決していて売り先に困るのではないかという予測もあります。このような状況では、各社積極的に22／28ナノプロセスの生産増強を早急に進めたいとは思わないでしょう。

一方で、日本の半導体製造のシェアは現在10％ほど。もともと半導体は日本が強みとしていた技術であり、かつては世界の50％を超えるシェアを誇り、「半導体大国」と呼ばれていたことを思えば、まさに隔世の感を免れません。

そうしたなかで、このほど経済産業省が音頭を取り、国内企業が共同出資して半導体開発を行う新会社が設立されました。電子情報技術産業協会（ＪＥＩＴＡ）は、この動きを指して、日本の半導体の復権に向けた「最後で最大のチャンス」と述べています。

日本の半導体産業はなぜ凋落し、その復権には何が必要なのか。

本書では、日本の半導体産業が抱える課題を、日本企業が陥りやすい技術論ではなく、ビジネスとしての成功を目指す経営学的な見地から解き明かしていきます。

２０２４年２月

長内 厚

目　次

第12章 半導体産業に必要なのは経営戦略

第1章

ファーウェイ7ナノショック

1 SMICによる7ナノプロセスの生産

中国のスマートフォンメーカー、ファーウェイが2023年8月に発売したMate 60 Proというスマートフォンに中芯国際集成電路製造（SMIC）が製造した麒麟（Kirin）9000sというチップセットが搭載され、このチップが7ナノプロセスの製品だということで、米国や日本で激震が走りました。SMICとは中国・上海に本社を置く半導体製造企業で、これまで14ナノ以上のプロセスの半導体しかつくれないはずでした。

ここで言うプロセスとは、半導体のプロセスルールのことで、半導体基板に描かれた回路の幅の細さを表します。14ナノプロセスであれば、回路幅が14ナノメートル、7ナノプロセスであれば、7ナノメートルということになり、この数字が小さければ小さいほどより精密な半導体であると言えます。

現在発売されているiPhone 15Proに搭載されているA17Proというチップセットが最新の3ナノプロセスで製造されていて、7ナノプロセスと言うと、2018年発売の

iPhone XS に搭載されたA12チップが iPhone 初の７ナノプロセスのチップセットになります。

こう聞くと、２０２３年に発売されたファーウェイの Mate 60 のチップセットの７ナノプロセスはそれほど新しくないように思えますが、７ナノ以前の14ナノと７ナノでは製造プロセスに大きな違いがあります。

2　そもそも半導体とは

中国が７ナノプロセスの半導体をつくることがなぜすごいことなのかを議論する前に、そもそも半導体とはなんなのかについて話をしましょう。

物質には電気をよく流す導体と、ほとんど流すことができない絶縁体があり、半導体とは導体と絶縁体の中間的な性質を持つ物質のことを指します。具体的にはゲルマニウムやシリコンなどが半導体に当たります。半導体はその使い方によって、電気を流したり、反対に流さなかったりすることができるので、電流の制御を行うことができます。

半導体が電流を制御する仕組みをもう少し詳しく見てみましょう。少し難しい話になるので、「半導体は電流を制御する」ということだけを覚えてもらって読み飛ばしていただいても大丈夫です。

電流とは電子の流れです。電気はプラスからマイナスに流れると説明されますが、実際には、電子は電流と逆方向に動いています。なぜなら、電子はマイナスの電荷（電気の量）を持っていて、電子がマイナスからプラスに向かって流れているので、電流はその反対にプラスからマイナスに流れると考えるのです。

ここで、半導体であるシリコン（Si）の結晶に少しだけ違う物質、具体的には、元素周期表でシリコンの右隣にあるリン（P）を混ぜた状態を考えてみます。この状態の物質をN型半導体と呼びます（図表1－1）。

N型半導体はほとんどがシリコン同士が結合している状態なのですが、リンは電子が1つ多くあり（厳密に言うと原子の一番外の殻の電子の数が1つ多い）、ここだけ電子が1個余っている状態になります。先述の通り電子はマイナスの電荷を持っていますので、N型半導体は、リンの数分だけ余った電子（マイナスの電気）を多く持った状態になっていて、この余った電子を自由電子と呼びます。

図表1-1　N型半導体

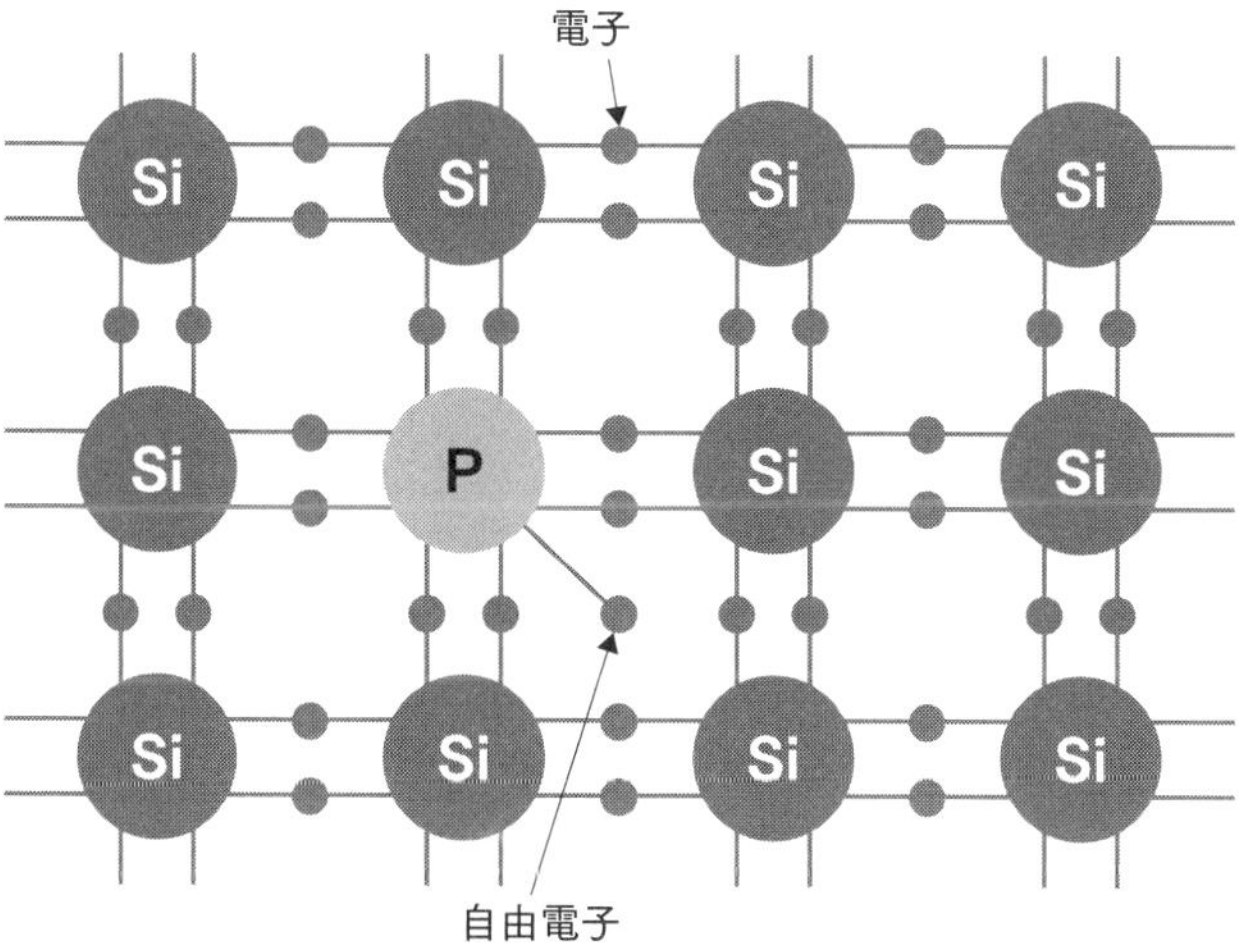

出所：筆者作成

　今度は、シリコンに少しだけ元素周期表で左隣にある、例えば、ホウ素（Ｂ）を混ぜた状態を考えます。Ｎ型ではリンを混ぜるので自由電子が余りますが、ホウ素の場合は電子が１個足りない状態になります。この電子が１個足りないところを便宜的に電子が入る穴、正孔（ホール）と呼び、これまた便宜的に正孔はプラスの電荷を持っていると考えます。こうした半導体をＰ型半導体と呼びます（図表１－２）。

　Ｎ型半導体に電流を流すと、自由電子はプラス極に引き寄せられます。電子の流れの向きと電流の向き

図表1-2　P型半導体

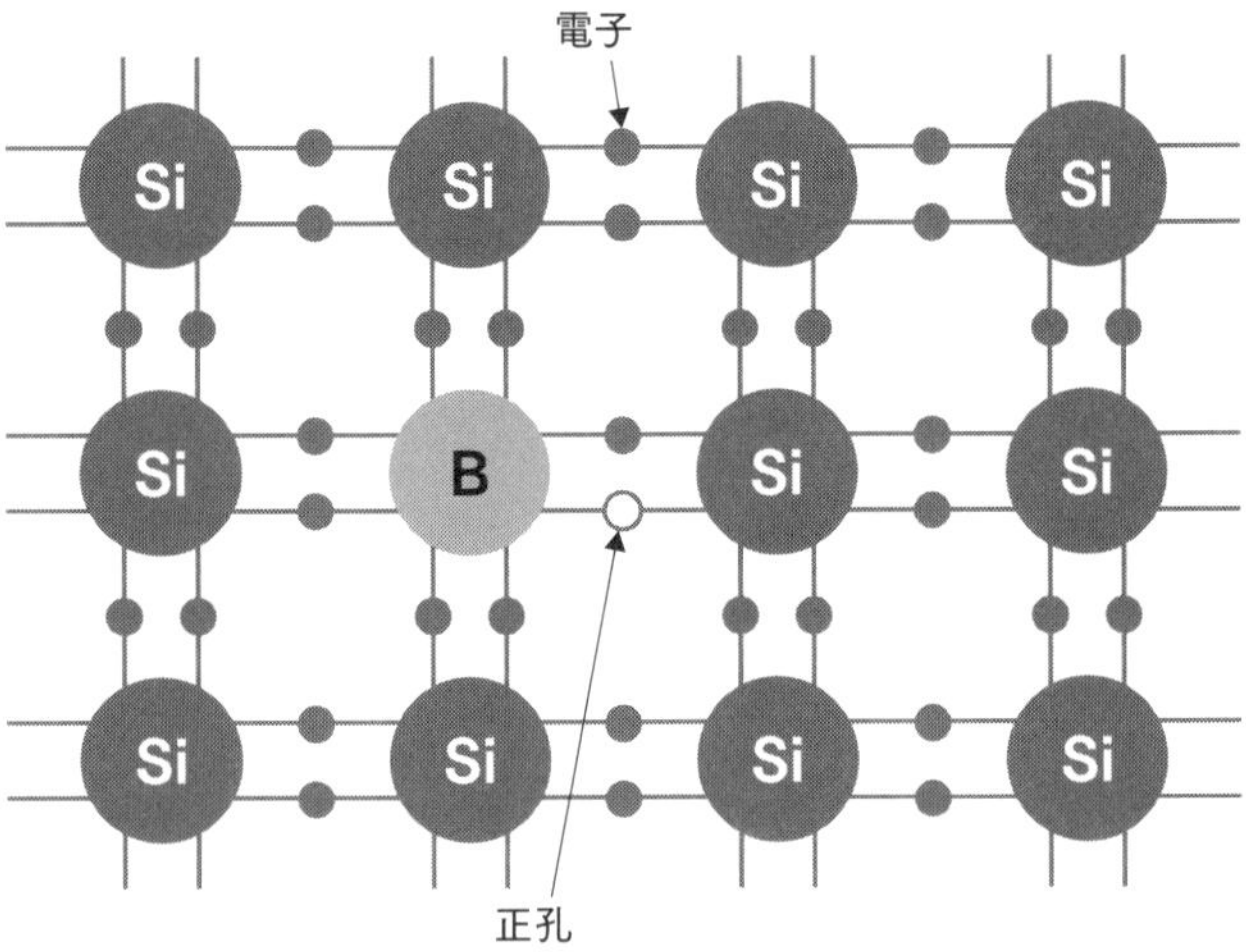

出所：筆者作成

は反対になりますので、電流はプラスからマイナスに流れることになります。Ｐ型半導体に電流を流した場合、正孔はプラスの電荷を持っていると考えるので、マイナス極に引き寄せられることになり、やはり電流はプラスからマイナスに流れることになります。

　電流を制御するためには、このＮ型半導体とＰ型半導体をくっつける（接合）必要があります。Ｐ型とＮ型をくっつけることをＰＮ接合と呼び（図表1－3）、ＰとＮがくっついている面を接合面と呼びます。

　ＰＮ接合した半導体にＰ側からＮ

図表1-3　PN接合

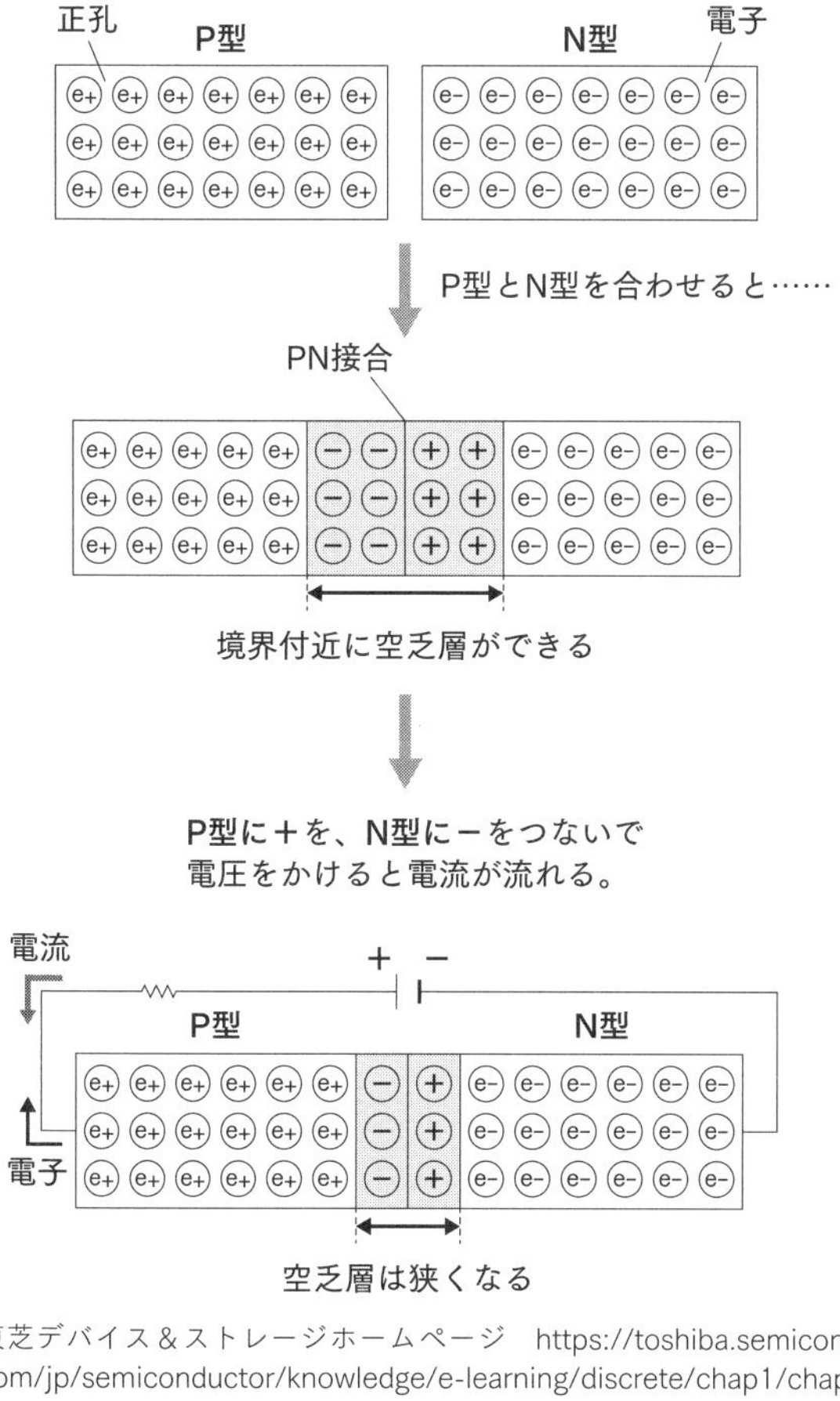

（出所）東芝デバイス＆ストレージホームページ　https://toshiba.semicon-storage.com/jp/semiconductor/knowledge/e-learning/discrete/chap1/chap1-6.html

側に向けて電流を流してみましょう。この時、Ｐ型半導体のなかでは、正孔がマイナスの方向に移動、つまり接合面に向かって移動します。一方、Ｎ型半導体は電子がプラスの方向、やはり接合面に向かって移動します。この時、接合面では電子（マイナスの電荷）と正孔（プラスの電荷）が合体して消滅、その代わりにＮ側には新たな電子が入ってきて、Ｐ側には新たな正孔ができる、つまり、ＰからＮに向けて電流が流れるということになります。

さて、ここからが半導体の半導体らしい役割なのですが、今度は反対にＮ側からＰ側に向けて電流を流してみましょう。この時の正孔と電子の流れは先ほどと反対になります。Ｐ型半導体のなかでは正孔がマイナスの方向、つまり接合面とは反対の方向に移動し、Ｎ型半導体のなかでは、電子がやはり接合面とは反対の方向に移動します。こうすると、ＰＮ接合面では、正孔も電子も存在しない空乏層という層ができ、電気は流れません。

つまりまとめると、半導体のＰＮ接合では、ＰからＮの方向には電流が流れるものの、逆方向のＮからＰには流れないという性質があることがわかります。これを半導体の整流作用と言います。一方向にしか電流を流さないので、プラスマイナスの電気が交互に流れる交流の電流を一方向は流し、逆方向は流さないことで、直流に変える（整流）ことができます。この性質を利用した半導体部品をダイオードと呼びます。

3 なぜ半導体で計算ができるのか

話が中国の7ナノチップからだいぶ離れてしまっていますが、もう一息で、なぜ半導体で計算ができるのかがわかりますので今しばらくご辛抱を。

ところで、今日、単に半導体と言えば、ＩＣ、集積回路を指すことが一般的です。集積回路とは、その名の通り、ダイオードや本節で解説するトランジスタなどがたくさん集積したもので、ＩＣには、用途によって、計算をするロジックＩＣ、データを記憶するメモリ、大きな電力の電流の制御を行うパワー半導体などに分類されます。

また、どれだけ1つのＩＣにトランジスタが集積されているかの程度によって、ＳＳＩ（Small Scale Integration：小規模集積回路）、ＭＳＩ（Medium Scale Integration：中規模集積回路）、ＬＳＩ（Large Scale Integration：大規模集積回路）のように分類することもあります。今日でもＬＳＩという言葉はよく聞かれますが、ほとんどのＩＣがＬＳＩになってしまった今日では、あまりこの分類は使われていません。

さて、話を半導体の仕組みに戻します。前節ではＰＮ接合による整流作用について説明しました。ここでは、トランジスタによるスイッチの役割を説明します（トランジスタにはこのほか信号の増幅などの役割がありますが、本書では割愛します）。

先ほどＬＳＩの解説で、ＬＳＩには大量のトランジスタが集積されていることをお話ししました。スマホのチップセットなどは小さなＬＳＩの中に大量のトランジスタが組み込まれており、高速で大量の計算を行うことで通信やアプリの動作を実現しています。

スマホも含めてコンピュータは０と１の２進数でデータを処理します。２進数であれば、電気が流れない＝０、電気が流れる＝１と電気的に数字を表すことができるからです。

トランジスタにはＮＰＮ型とＰＮＰ型という電流の流れる方向が反対のものがありますが、役割としては基本的には同じなので、ここではＮＰＮ型で説明をします（図表１－４）。

ＮＰＮ型トランジスタにはそれぞれのＮ型、Ｐ型の半導体に接続される端子が合計３

図表1-4　NPN型トランジスタ

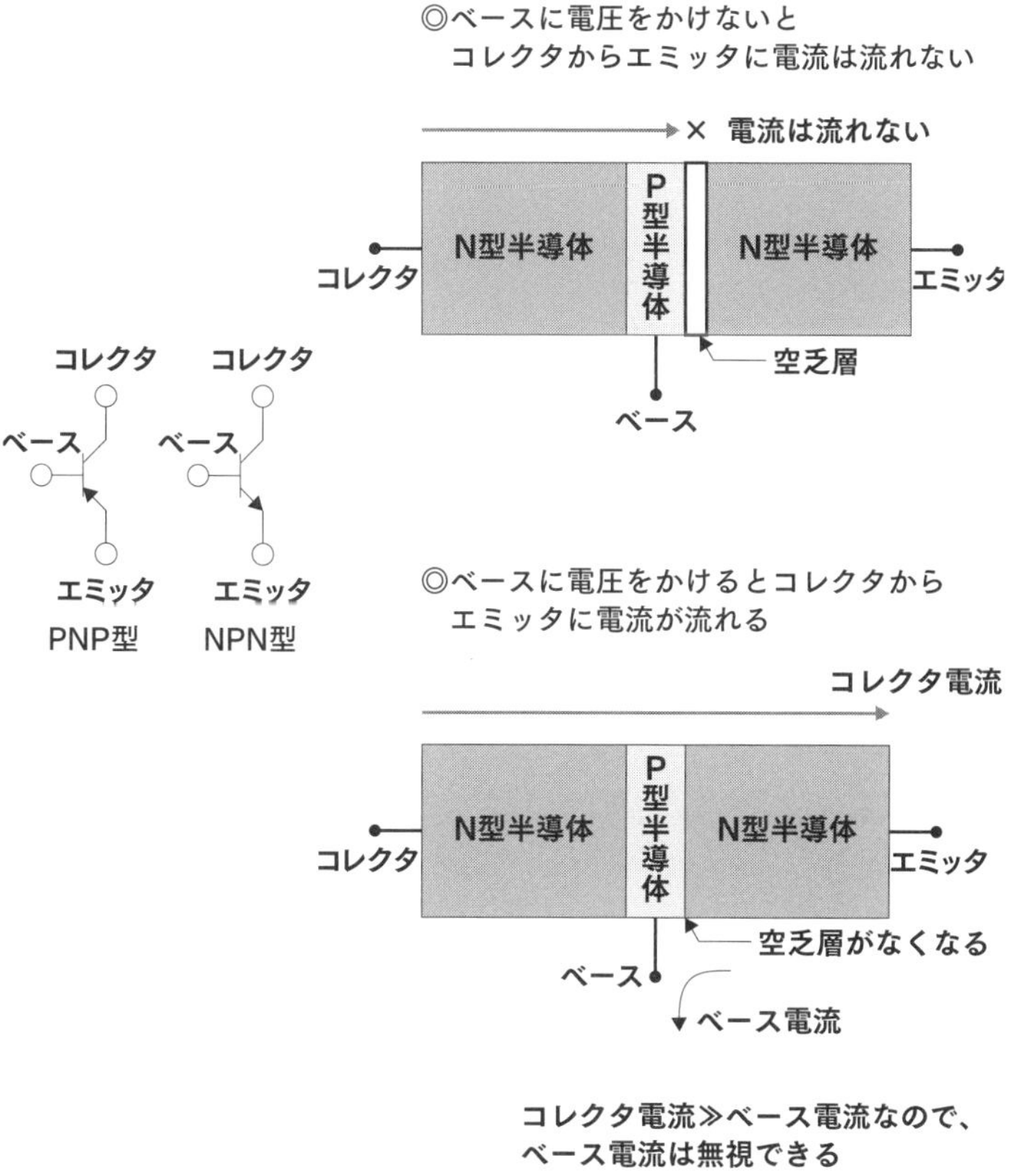

出所：筆者作成

つあり、それぞれ、エミッタ（Ｎ型）、ベース（Ｐ型）、コレクタ（Ｎ型）と呼びます。
この時、コレクタからエミッタに流れる電流（ＰＮＰ型ではエミッタからコレクタ）をベースにかける電圧で制御するのが、トランジスタのスイッチとしての基本的な働きです。

ベースに電圧をかけていないと、ベースとエミッタの間のＰＮ接合面で空乏層が生じますのでコレクタからエミッタには電流が流れません。ベースに電圧をかけると、空乏層はなくなり、一部の電流はエミッタからベースに流れます（ベース電流）が、ベースのＰ層はとても薄いため、ほとんどの電流はエミッタからコレクタ（コレクタ電流）に流れることになります。

つまり、ベースに電圧をかけるか、かけないかによって、エミッタとコレクタの間に流れる電流が制御できる、スイッチのような役割をトランジスタは果たすのです。ちなみに、ベースにかける電圧を上げるとコレクタ電流は指数関数的に増幅されるという性質があり、これが増幅回路の基本となります。

ところで、コンピュータは０と１の数字だけを用いた２進数を扱うということは聞いたことがあるかもしれません。０と１を電気的に表現するには、スイッチを制御して電気を流すか流さないかということをすればいいわけです。つまり、コンピュータとは膨大な量のスイッチのかたまりと言うことができます。実際初期のコンピュータは、リレーを用いてメカニカルにスイッチをオン・オフすることで計算を行っていました。

それが半導体のトランジスタに置き換わることでコンピュータの高速化、小型化が推進され、さらにトランジスタが集積化される、つまりＩＣになることでさらに高性能、小型化、低消費電力化が図られるようになりました。

つまり、コンピュータの進化とは、半導体のＩＣを、より小型で複雑なスイッチのかたまりにすることであり、より小さい面積にたくさんのスイッチを組み込むことで、高性能な半導体やコンピュータをつくることができるのです。

電気の話はここまでです。半導体には、トランジスタとしてスイッチの役割を持たせることができ、このトランジスタをできるだけたくさん搭載していると、より複雑な計算を瞬時に行うことができます。そのためには、同じ面積にできるだけたくさんのトランジスタを詰め込む必要があります。

半導体のＩＣをつくるためには、シリコンウエハーと呼ばれるシリコンの基盤の上に、無数の回路を描き、トランジスタを実装していきます。この時、回路の幅を狭くすることができれば、それだけたくさんのトランジスタを実装できます。この回路の幅のことをプロセスサイズと言い、先に述べた14ナノ、7ナノ、3ナノというような数字はプロセスサイズ、つまり回路の線の幅を表しています。

つまり、プロセスサイズが小さいほど、たくさんのトランジスタを実装できるので、プロセスサイズが小さいほど、性能の高い先端半導体になるということなのです。

4 米国の対中半導体輸出規制はなにを止めたかったのか

シリコンウエハーに回路を描くためには、露光というプロセスを必要とします。露光とは、光を照射してウエハー上に回路のパターンを転写することです。

露光を含めた半導体製造の全体を説明すると、次のような工程で成り立っています。

まず、シリコンウエハーの上に二酸化シリコン（SiO_2）膜などの、のちに半導体の回路パターンとなる膜を成膜します（図表1－5の①）。その後、フォトレジストと呼ばれる感光性樹脂を塗布し（図表1－5の②）、回路のパターンを記したフォトマスクをか

図表1-5　半導体の製造プロセス

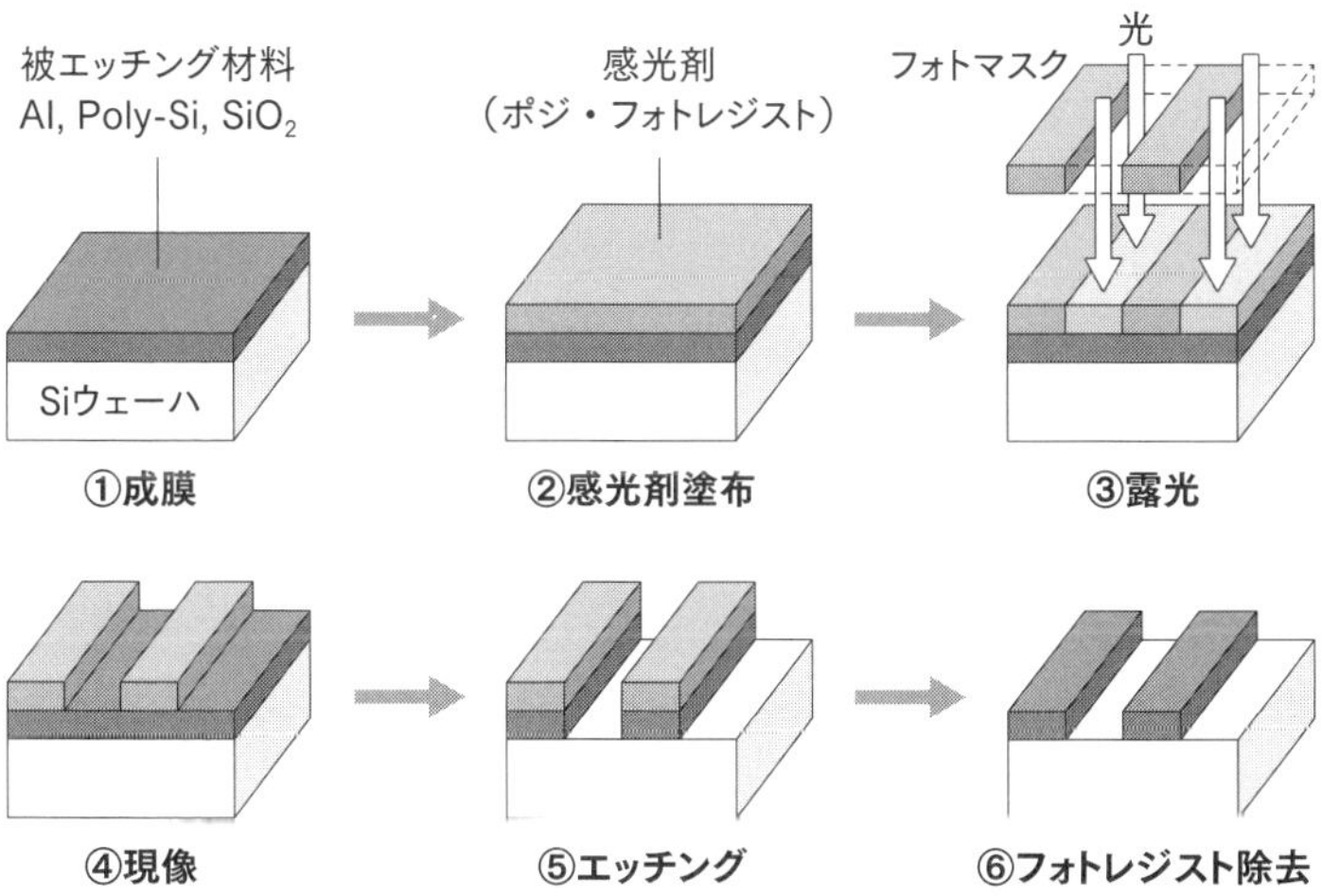

（出所）日立ハイテクホームページ　https://www.hitachi-hightech.com/jp/ja/knowledge/semiconductor/room/manufacturing/etch.html

ぶせて露光します（図表1－5の③）。その後、現像処理をするとフォトレジストのパターンが残ります（図表1－5の④）。その後エッチングをすると、フォトレジストの乗っていない部分の膜は除去されます（図表1－5の⑤）。最後にフォトレジストを洗い流すと、シリコンウエハーの上に、回路パターンが書き込まれるという流れです（図表1－5の⑥）。

どれだけ微細なパターンが転写できるかは、露光装置の解像度にかかっています。解像度は（プロセス係数）×（波長）／（開口数）によって決まり、この値が小さいほど解像度が上がるため、プロセス係数と波長は小さいほうがいいですし、開口数は大きいほうがより高性能な露光装置をつくることができるということになります。

ここでは、波長に焦点を当てましょう。これは、露光する時の光源の波長になります。光源には従来は、ＫｒＦエキシマレーザーやＡｒＦエキシマレーザーなどが使われてきました。光と言っても目に見える光ではなく、より波長の短い紫外線などが用いられ、ＫｒＦエキシマレーザー光の場合、波長は２４８ナノ、ＡｒＦエキシマレーザー光の場合、波長は１９３ナノとなります。

さらに、ＥＵＶ（極端紫外線）光源の場合、波長は13・5ナノとなり、ぐっと波長が短くなります。この数字からも従来のＫｒＦやＡｒＦに比べてＥＵＶ露光装置がものすごく微細なプロセスの加工に向いていることがおわかりいただけるでしょう。

プロセスサイズ10ナノ以下の先端半導体を製造する場合、このＥＵＶ光源を使った露光装置が必要となります。ＫｒＦやＡｒＦは日本の露光装置メーカーでも製造可能で、かつてはキヤノンやニコンといったメーカーが露光装置で大きなシェアを有していました。

しかし、ＥＵＶ露光装置については、ベルギーの半導体研究機関のｉｍｅｃが研究開発を行い、オランダの露光装置メーカーのＡＳＭＬが市場を独占しています。つまり、現状ではＡＳＭＬの露光装置が入手できなければ10ナノプロセス以下の最先端プロセスの半導体製造はできないと考えられてきました。

そのため、米国は、日本や台湾だけでなく、欧州にも圧力をかけて中国にＥＵＶ露光装置が渡らないように半導体関連設備や部材の輸出規制を強化してきました。しかし、冒頭で述べたように、ファーウェイのスマートフォンには中国がつくることができないはずの７ナノプロセスのチップセットが搭載されていた、ということで、米国や日本で大騒ぎになったのです。

5　中国はどのようにして7ナノチップをつくったのか

ファーウェイのスマートフォン発売後、多くの調査会社がリバースエンジニアリングにより、Kirin 9000s の分析が行われ、ＳＭＩＣが７ナノプロセスの半導体をつくったこ

図表1-6　二重露光

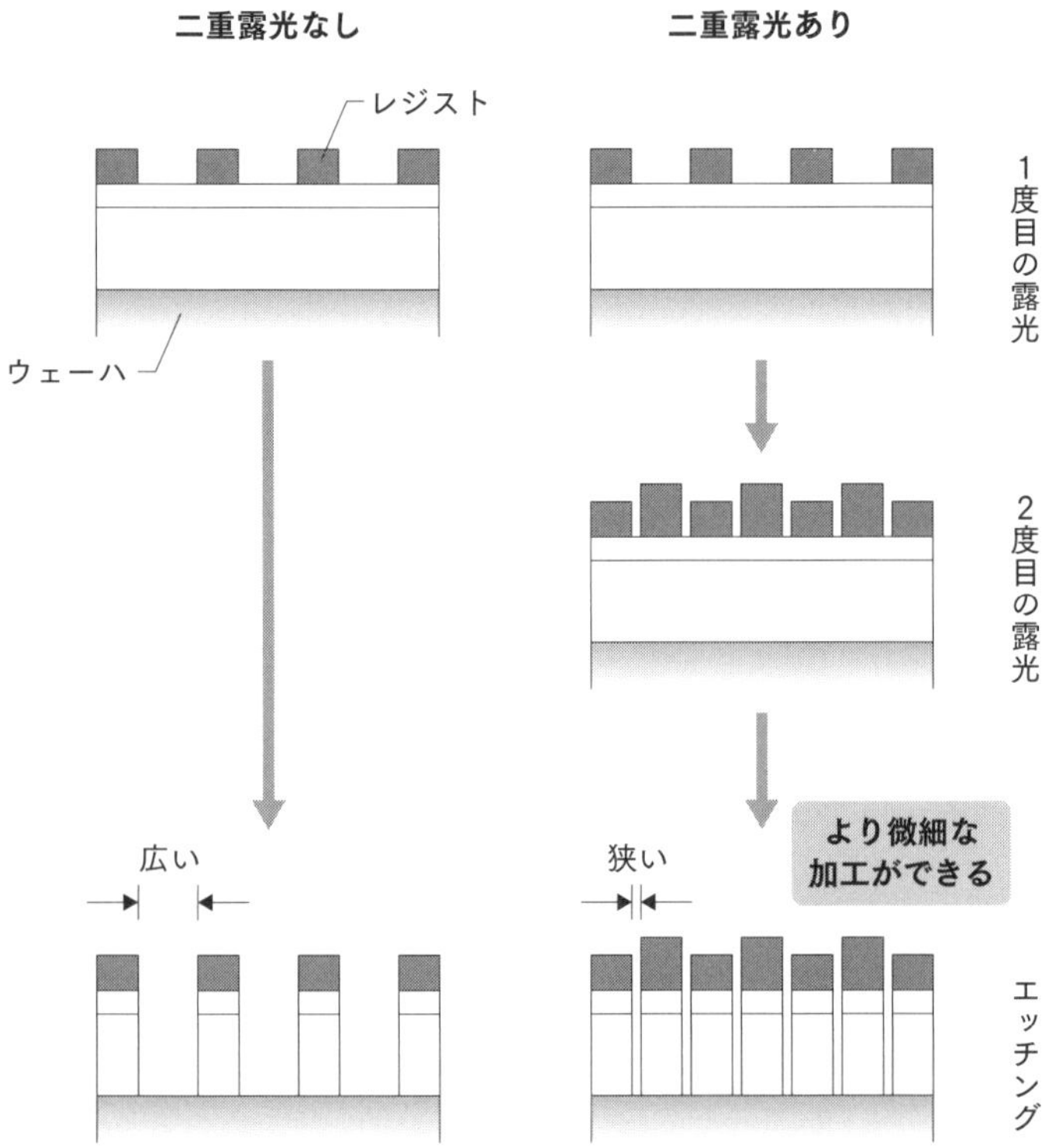

（出所）SCREENホームページhttps://www.screen.co.jp/spe/technical/guide/double

とは間違いなさそうだということがわかりました。では、ＳＭＩＣは実際にどのようにして7ナノプロセスの半導体をつくったのでしょうか。

先述の通りプロセスサイズ10ナノ以下のプロセスを製造するためにはＥＵＶ露光装置が必要ですが、ＳＭＩＣは欧米の規制によりＥＵＶを手に入れることができていないはずです。確かなところはまだわかっていません。しかし、ＥＵＶを用いずに7ナノプロセスを製造した可能性が高そうです。

技術経営コンサルタントの湯之上隆氏は、ＳＭＩＣにＡＳＭＬの技術が渡っていない前提で、ダブルパターニングによる7ナノプロセスの製造を行った可能性を指摘しています[1]。

ダブルパターニングとは、二重露光とも言われ、その名の通り露光を2回行うということです。図表1－6のように一度目の露光と二度目の露光で位置をずらすことでより細かい範囲でパターンを描くことができます。これを利用してＳＭＩＣは従来の設備を用いながら、通常ではつくることのできない7ナノのプロセスをつくったのではないか

1　https://jbpress.ismedia.jp/articles/-/77307

というのが、この説です。

ブルームバーグも２０２３年10月25日に、ＳＭＩＣはＤＵＶ露光装置（ＥＵＶよりも性能の劣るＡｒＦやＫｒＦを用いた露光装置の総称）を用いて７ナノプロセスを製造したと次のように報じています。

「問題となっているプロセッサーの製造には、欧州最大の企業価値を有するハイテク企業、ＡＳＭＬによる深紫外線（ＤＵＶ）露光装置のほかにも複数企業のツールが用いられたという。関係者らは非公開の情報であることを理由に匿名で話した。中国による半導体生産技術の進歩を食い止めるうえで、ＡＳＭＬに対する輸出規制は遅過ぎた可能性が示唆された」[2]

さらに「ＡＳＭＬは最先端チップの製造に不可欠なＥＵＶ露光装置で支配的な地位を占めるが、輸出規制のためＥＵＶを中国に販売できない状況にある。しかしＥＵＶよりも性能が低いＤＵＶに調整を加えることで、７ナノメートル、おそらくそれ以上に高度なチップを製造できると業界アナリストは指摘する。ただ、このプロセスはＥＵＶを使うよりもコストがかかるため、競争の激しい環境で大量に生産することは極めて難しいという」とも述べていますが、ＳＭＩＣの場合、中国政府の手厚い支援のおかげでコストを度外視した開発ができたのではないかと推測しています。

さらにブルームバーグは２０２３年11月22日に、台湾積体電路製造（ＴＳＭＣ）の元バイスプレジデント、バーン・Ｊ・リン氏のコメントとして、「ＳＭＩＣはすでに稼働させているＡＳＭＬの露光装置で、より強力な5ナノ半導体に進むことができるはずだ」と報じています。[3]

しかし、5ナノプロセスについては、やはりブルームバーグが、２０２４年１月５日にファーウェイの新型ＰＣに搭載されている5ナノプロセスのチップについて、「ブルームバーグ・ニュースの委託を受けた調査会社テックインサイツによる分解では、ノート型ＰＣ「Qingyun L540」には、２０２０年にＴＳＭＣが製造した回路線幅5ナノメートル（ｎｍ）のチップが搭載されていたことが分かった。この結果はファーウェイの国内半導体製造パートナーであるＳＭＩＣが製造技術で大きな飛躍を遂げたのではないかという見方に反するものだ」と報じていて、いまだにＳＭＩＣが独力で5ナノの製造がで

2　https://www.bloomberg.co.jp/news/articles/2023-10-25/S337B8T1UM0W01
3　https://www.bloomberg.co.jp/news/articles/2023-11-22/S4I1S5T1UM0W01
4　https://forbesjapan.com/articles/detail/49231

きていないことがうかがえます。

しかし、中国が日米欧の規制強化にもかかわらず着実に半導体の製造技術を高めていることは間違いないようです。すでに半導体製品全体の2022年の出荷金額ベースでは、中国の半導体産業（1170億ドル）は韓国（829億ドル）を抜いて台湾（1231億ドル）に迫る勢いです。[4] ちなみに日本は289億ドルにすぎません。

日本はかつて半導体大国と呼ばれ、世界の半導体の約半数を生産していました。詳細は後述しますが、1990年代以降、日本の半導体は衰退の一途をたどり、先端半導体の開発製造は台湾や韓国に大きく水をあけられてきました。そしてさらに中国が半導体大国として存在感を示しつつある昨今、日本の半導体産業はどのように生き残ればいいのでしょうか。

第2章

ラピダスよりも
JASMが
日本の転機となる
かもしれない訳

1 ラピダスに対する疑問

中国が先端半導体をつくり始めたと報じられたなかで、日本国内の半導体に関する一番の話題は、２０２２年８月に日本の最先端の半導体を開発製造する会社、ラピダス（Rapidus）の設立です。

ラピダスは、岸田首相が主導する最先端次世代技術の開発企業を支援する骨太方針に後押しされる形で設立された企業です。トヨタ自動車やＮＴＴ、デンソー、ソフトバンクなど8社の協同出資によるもので、半導体の国内での量産を目指し、現在は北海道の千歳市に工場を建設することが決まっています。国の予算として、ゆくゆくは2兆円が予定されていると言われています。

国が大きな予算を付けてバックアップをすることは歓迎すべきことで、これはこれで日本が取り組むべき課題だとは思います。しかし、このラピダスがやろうとしていることは、筆者に言わせれば、例えば県大会や国体にも出場経験のないアスリートが、いきなりオリンピックに出ようとしている感があって、そもそも本当に実績を上げられるのかという心配が先に立ちます。

今回ラピダスの中心人物になっている社長の小池淳義氏は、かつて一度日立と聯華電子（ＵＭＣ）という台湾第2位の半導体製造会社との提携で日本にファウンドリーをつくろうとして失敗したトレセンティテクノロジーズを設立した、まさにその人です。

小池氏は、親会社のルネサスとの調整がうまくいかなかったトレセンティの失敗から、今回は既存の日本の半導体企業に頼らず、ＩＢＭやベルギーのｉｍｅｃという研究所と組むとしています。しかし、先端半導体の製品開発技術や製造装置の技術を提携先から入手することができたとしても、それだけで量産が実現するとは限りません。

また、ラピダスは必ずしも規模を追わない中規模ファウンドリーを目指すとしていますが、装置産業で規模の経済性が効く半導体産業で本当に中規模ファウンドリーがうまくいくのでしょうか。道は険しいのではないでしょうか。

2 日本の半導体産業の凋落

いきなり否定的な記述になりましたが、なぜラピダスに疑問を呈するのかを説明する前に、半導体産業の本質と日本の半導体産業の課題を述べたいと思います。

半導体は、その用途から、情報の記憶を司るメモリＩＣと計算を担うロジックＩＣに大別されます。今日、ロジックＩＣの製品開発は、回路の設計を担当するファブレス企業と製品の製造を担うファウンドリー企業に分かれて行われることが多いのですが、設計と製造を同一企業内で垂直統合的に行う企業をＩＤＭ（Integrated Design Manufacturer）と呼び、日本の半導体企業もほとんどがＩＤＭでした。

日本がかつて得意としていた半導体事業は主にメモリで、この分野では世界を席巻するほどの隆盛を誇っていました。これに対して、ＣＰＵなどのロジック系の製品とともにメモリ事業でも世界のシェア獲得を狙う米国が異を唱え、１９８０年代に起きた日米半導体摩擦の焦点の1つとなりました。そしてこの動きが、日本にとって不利で片務的な日米半導体協定につながったのです。

そもそも半導体は装置産業であり、規模の経済性が命となります。規模の経済性とは、簡単に言えば大量につくればつくるほど大きな利益が得られるということです。そのため、コストリーダーシップ戦略（徹底的な価格競争で他社を排除する戦略）によって安価に大量に供給する企業が、もっとも収益を獲得しやすくなります。それなのに、日米半導体協定によって自由な価格決定権を奪われた日本は、数を追う戦略が取れなくなりました。

こうして、市場での収益力を奪われた日本企業は、その後の半導体開発・生産で他国に後れを取るようになったのです。

3　韓国と台湾の半導体産業事情

日本が日米半導体摩擦やその後の片務的な協定に苦しんでいた頃、韓国も日本が得意としていたメモリの一種であるＤＲＡＭの生産に乗り出していました。台湾も、同時期にロジックＩＣに焦点を絞って工業技術研究院（ＩＴＲＩ）という政府系の研究機関を中心に事業化が進められていました。その後、韓国はメモリ市場で、台湾はロジックＩＣの製造でそれぞれトップを取るのですが、両者とも日本が受けたような厳しい米国の抵抗を受けることはありませんでした。

ではなぜ、韓国や台湾は米国の抵抗をスルーできたのでしょうか。韓国のＤＲＡＭに関しては、一言で言えば、タイミングが良かったということになります。もちろん米国からの圧力がまったくなかったわけではないのですが、韓国がＤＲＡＭで成功を収めた頃には、ＤＲＡＭ自体のコモディティ化が進んで、事業としての旨味が少なくなっていたので米国の関心も低くなり、その結果、韓国が残存者利益を獲得できたということです。

一方の台湾は、１９８０年代の終わりにＩＴＲＩが、当時は非常識とまで言われたファブレス＆ファウンドリーというシステムに移行したことに理由を求められます。ファブレスとは、設計に特化して製造を行わない半導体設計企業のことで、ファウンドリーは設計を行わず製造に特化した半導体製造企業のことです。

このシステムによって、台湾はファウンドリーとして米国のファブレス製品を安価に製造する互恵的な関係を築き、米国の反発をかわすことができたということです。さらには日米半導体摩擦を通じて、米国経済が製造業中心からサービスやソフトウエアを中心とするビジネスに移行したタイミングであったことも影響していたと考えられます。

4 日本の半導体企業の問題点

このように日本と韓国、台湾を比べてみると、日本の半導体産業の凋落は、運悪く日米関係という外部要因によって引き起こされたようにも見えますが、もちろん日本企業自体にも問題はあったのです。

1つは、米国の過剰な反発も含めた市場動向の見極めが不十分であり、生き残りをかけた製造戦略を疎《おろそ》かにしたこと。また、素朴に技術的に優れた製品をつくってさえいれば、収益は自ずと後から付いてくると考えていたこと。

さらには、技術大国という誇りあるいは奢《おご》りからか、「いたずらに数を追わなくても製品の差異化で競争できる」と思い込み、コストリーダーシップによる大量生産戦略を避けながらも、一方では大企業としてのある程度の売り上げは必要としたために中途半端に数も追うこととなって、その結果、もっとも収益性の悪いビジネス構造に陥ってしまったのです。この点の詳細は後述したいと思います。

かつて日本の製造業は、その多くが安い労働力を求めてアジア各地に工場を移転した経験を持っています。そのためか、日本では安く大量に生産することはできないと企業に刷り込まれてしまったのかもしれません。あるいは、日米半導体協定によって安売りを禁じられた経験から少量高付加価値生産の癖が付いてしまったのかもしれません。

いずれにしても、日本ではエレクトロニクス産業を中心にコストリーダーシップ戦略を避け、製品差異化戦略を指向しがちになっているのです。

しかしこれまでも、半導体ばかりではなく太陽光パネルや液晶パネルなどのエレクトロニクス製品において、日本発で立ち上がった先端技術が確固とした産業に発達すると、日本の企業自体はさらなる差異化戦略に走り、その一方で、韓国や台湾、中国の新興勢力がコストリーダーシップ戦略を取ることでまさに漁夫の利を得て、その分野の市場を海外勢が総取りする事態が繰り返されてきたのです。

5　ラピダスへの疑問と不安

鳴り物入りで設立された最先端半導体企業を目指すラピダスに対する疑問、あるいは不安もここにあるのです。それは、このラピダスが少量多品種生産を目指すとしているからなのです。

ロイター（2023年12月22日）は、「半導体業界の関係者は、ラピダスの少量多品種生産について『量を生産して歩留まりを上げることができないため、コストをどこまで低減できるのか』といぶかしがる」と報じています。[5]

装置産業は、あくまで大量生産による低コスト化が収益の鍵となります。その装置産業である半導体企業で、製造までを目指すとするラピダスが数を追わず、少量多品種生産を標榜するようでは、日本がこれまで苦汁をなめてきた過去の例を思い出さずにはいられません。ラピダスの実現性に疑義を挟む専門家も少なくありません。

5　https://jp.reuters.com/markets/japan/DQYJARSB45P6RGGDO3L7AIM7MY-2023-12-22/

さらに、ラピダスは、日本がこれまで製造してきた40ナノプロセスから、途中のサイズのプロセスを一気に飛び越していきなり2ナノプロセスの製造をしようとしています。

このことについて先ほどのロイターの記事は、「英調査会社オムディアの杉山和弘コンサルティングディレクターは、これまで最先端半導体を量産化した経験がないことから『量産化のハードルは相当高い』と指摘する」と識者のコメントを引用しており、経験のなさによる不安を指摘しています。

イノベーションとは最終的に「企業に経済的な利益をもたらすもの」と定義されています。イノベーションは本来、経済的価値を生み出すための新たな組み合わせのアイデアであって、新たな技術がいかに優れて便利なものであったとしても、利益が獲得できなければそれはInnovationではなく単なるInvention（発明）にすぎないのです。2ナノをつくることは目的ではなく、収益をもたらす手段でしかないので、つくるだけではなく、そこから利益を出さなければ意味がありません。

また、そもそも長年日本ではイノベーションを単に技術革新と捉える風潮がありました。イノベーションの概念を提示したシュンペーターは、新しい製品の開発や新しい製造の方法もイノベーションの例と挙げていますが、それがすべてではなく、新たな販売

図表2-1　価値創造と価値獲得

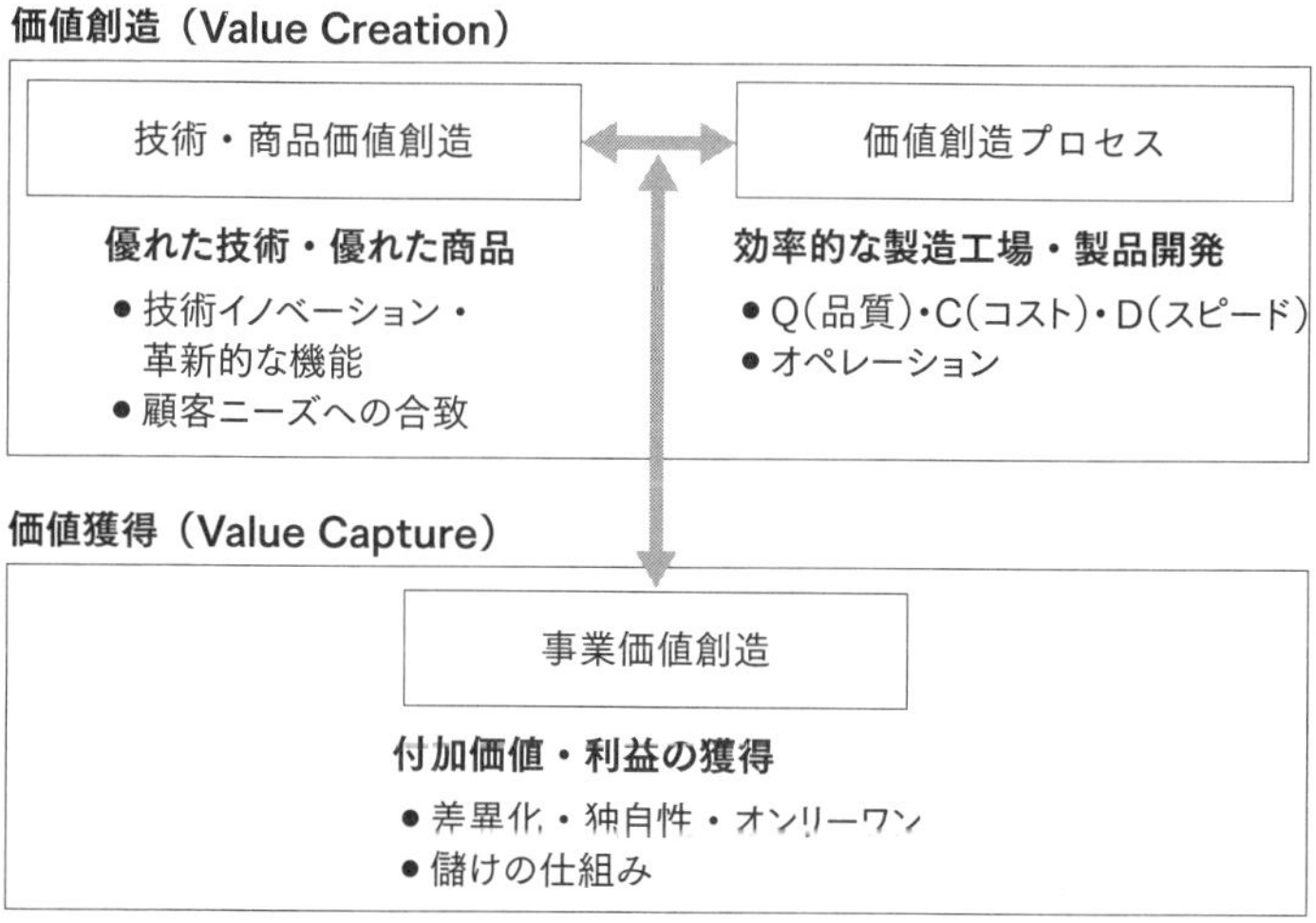

（出所）延岡健太郎、伊藤宗彦、森田弘一（2006）DP-RIETI Discussion Paper Series 06-J-017「コモディティ化による価値獲得の失敗：デジタル家電の事例」

方法、新たなサプライヤーの獲得、新たな組織設計なども経済的利益をもたらすイノベーションになりうると例示しています。

つまり、イノベーションとは、経済的な利益を生み出す新たなアイデアや仕掛け全般であって、新たな製品技術に矮小《わいしょう》化されてはいけないのです。

特に日本でイノベーションと言うと、何か新しいものをつくることばかりを考えがちですが、新たな物を生み出す価値創造（Value Creation）はイノベーションのプロセスの一部にすぎず、生み出した価値創造から利益を確実に得る価値獲得（Value Capture）のプロセスがイノベーションには絶対不可欠な要素になります（図表2－1）。

価値獲得はマーケティングや営業の仕事だからエンジニアリングは関係ないというのは間違いです。そもそも価値創造と価値獲得という概念は、マサチューセッツ工科大学のスローンマネジメントスクールでイノベーションを教える時のフレームワークです。

大阪大学の延岡健太郎教授は、「日本は高い技術力によって価値創造することは得意だが、戦略を駆使しての価値獲得は苦手だ」と指摘しています。

新たな技術からどのようにして自国または自社に利益を確実にもたらすようにするか、価値獲得の議論がしっかりとなされていなければ、いくら新しいものをつくっても自己満足にしかならないのです。

ちなみに、日本では安く大量につくることはできない、というのも、もはや幻想にすぎません。装置産業である半導体産業は、労働集約的な組み立て加工と異なり、人件費の格差が大きく問題にはならない点が1つ。また、開発やマネジメントのコストを考えても、いまや日本のエンジニアや管理職の報酬はアジアでも決して高いほうではなくなっており、日本だから人件費がかかるということはないのです。

したがって、物流コストやリードタイム、外国での通関トラブルなどのリスク要因を考えれば、海外で安く生産して国内に輸入するというモデルはもはや必ずしも通用しなくなっている気がします。

米ヒューレッド・パッカード（ＨＰ）から分割によって誕生したＰＣメーカー大手のＨＰの日本法人である日本ＨＰは、日本国内向けのＰＣを東京で生産し製品にMade in Tokyoのステッカーを掲げています。海外生産によるコストメリットより東京での生産のほうが、迅速なデリバリーと無駄のない在庫管理の点でメリットが大きいからだと言われています。

ＰＣの組み立てのような労働集約的な工場ですら東京に置けるわけですから、日本の製造業はもう一度日本で製造することのメリットを考えてみてはどうでしょうか。

第3章

日の丸半導体の復権をかけたTSMCの誘致

1 熊本にできるＪＡＳＭへの期待

話を半導体に戻したいと思います。日本の半導体はもう駄目なのかと言うと、一方で半導体の部材や設備はまだまだ強い、という声もあるのです。たしかに日本には優れた半導体関連の部材メーカーや設備メーカーは存在しています。しかし、日本の半導体の設備や部材も、多くの領域で日本だけが必ずしも群を抜いて強いというわけではないのです。図表３－１を見てわかるように、日本が群を抜いて強いのはシリコンウエハーなどいくつかの部材です。

半導体製造装置も31％のシェアを持っていると言われていますが、日本の半導体製造装置のなかで特に露光装置と呼ばれる半導体の基板ウエハーに回路を描く装置に関して言えば、かつてはその分野でトップを走っていたキヤノンやニコンも、技術的にはオランダのＡＳＭＬなどに負けており、最先端のチップはオランダに頼らないとつくれない状態になってしまいました。

とはいえ東京エレクトロン、アドバンテスト、SCREEN、KOKUSAI ELECTRIC と

図表3-1　半導体の主要技術のほとんどは米国が握る（分野別市場シェア）

	市場規模（10億ドル）	米国	台湾	欧州	日本	中国	韓国
半導体チップ（最終製品）	473	51%	6%	10%	10%	5%	18%
設計ソフト	10	96%					
要素回路ライセンス	4	52%		43%		2%	
半導体製造装置	77	46%		22%	31%		
ファウンドリー	64	10%	71%			7%	9%
製造後工程	29	19%	54%			24%	
ウエハー	11		17%	13%	57%		12%

（注）濃いグレー＝シェア1位、薄いグレー＝2位、5％未満は省略、2020年時点の企業・業界の各種データより筆者作成

（出所）太田泰彦『2030 半導体の地政学［増補版］』日本経済新聞出版

いった強い半導体製造装置メーカーもまだまだ健在です。

先に述べたように、ウエハーに至っては信越化学工業とＳＵＭＣＯという日系2社でシェアの50%を握っています。さらにさまざまな材料を見ていくと、ウエハーにパターンを焼き付ける時に使用されるフォトマスクは、ＴＯＰＰＡＮと大日本印刷で50%、フォトレジストも、ＪＳＲ、東京応化工業、信越化学工業、住友化学、富士フイルムの日系5社で90%のシェアを誇っています。ＥＵＶ露光装置は確かにオランダのＡＳＭＬにシェアを奪われましたが、露光に欠かせないＥＵＶレジストは、未だに日本が握って

いるのです。

これら半導体の部材メーカーの工場は半導体工場に近接して建設されることが多いですし、設備メーカーも半導体メーカーと近くクロースなコミュニケーションが取れるほうが技術開発や製品開発をしやすいと言えます。

ですから、日本の部材メーカーや設備メーカーの仕事をしやすくするためにも、強い半導体メーカーという顧客が日本に存在することが重要です。つまり、日本の半導体関連産業の強化のためにも日本自身の半導体産業の強化が必要と言えます。

半導体生産に関する日本の現状は決して輝かしいものではないと述べましたが、期待が膨らむ動きも出ています。それは、世界最大の半導体製造企業である台湾積体電路製造（ＴＳＭＣ）の誘致に成功し、ソニーグループやデンソーとの合弁で熊本に22／28ナノプロセス、12／16ナノプロセスの半導体製造企業ＪＡＳＭ（Japan Advanced Semiconductor Manufacturing）をつくることになったことです。出資の大半はＴＳＭＣによるものですが、日本政府も６０００億円規模の基金をつくって、その多くを新工場の補助に充てると言われています。

筆者はむしろ、ラピダスよりこちらのほうが日本の半導体産業においては光明になるのではないかと考えています。

その理由の１つは、日本がようやく強いアジアの企業を誘致できたことです。過去を振り返ると、２０１５年にシャープが台湾企業の鴻海（ホンハイ）に買収され、時を同じくして東芝の家電部門や映像部門が中国企業に買収されるという事態に至り、マスコミを中心に技術流出の懸念が喧伝されました。

それ以前にも２０００年代の半ば頃には、シャープやパナソニックとは異なり自社製の液晶パネルを持たなかったソニーが、韓国のサムスン電子と合同でＳ－ＬＣＤという会社をつくりパネルの安定供給を図ったのですが、その際も日本の技術が流出するとして、経済産業省からもメディアからもたたかれたことがありました。

現在ではそうした考えもかなり薄まったように思いますが、当時はアジア諸国との合弁と言うと必ずと言っていいほど技術流出の話が出ていました。水は高いところから低いところへしか流れませんので、そうした話の大前提には、常に日本の技術が上だと考えていたということなのです。

さまざまな分野で日本の技術が圧倒していたのは、１９８０年代から90年代頃までの話です。２０００年以降はエレクトロニクス産業の分野、特に製造に関わる技術では韓国・台湾・中国に抜かれていたにもかかわらず、まだ日本が上にいるという幻想をどこかで抱き続けているように思われます。

この幻想は、日本人のアジア諸国に対するアンコンシャス・バイアス、無意識の偏見から来ていると思うのです。

端的に言って日本人は、日本以外のアジアの国・地域を下に見ている、というか下に見ていたいという気持ちがどこかにあって、だからこそ日本の技術が台湾や中国より下であるはずがないと思い込むようになるのではないでしょうか。ちょうど自動車やエレクトロニクス製品での絶対的優位を誇っていた米国が、二流国と下に見ていた日本に追い上げられて、次々に規制に動かざるを得なかった状況と同じなのです。

こうした経緯を踏まえて、今回、台湾のＴＳＭＣを三顧の礼で迎え入れ、政府も支援を表明したという事実を見ると、日本にも大きな意識の変化が訪れたことを示しており、それ自体が非常に重要なことと考えます。

さらには、世界最大の半導体製造企業であるＴＳＭＣと、世界最大のＣＭＯＳセンサー（撮像素子）メーカーのソニーの協業という、目指す分野でもっとも強いパートナーと手を組むことは日本にとっての大きなプラスになります。弱者連合ではだめなのです。

エルピーダメモリやＪＯＬＥＤ、ＪＤＩなどの例も含めて、日本のこれまでのハイテク産業支援は、日の丸半導体とか日の丸液晶などと呼んで国内企業同士の再編をしてきましたが、その多くは失敗しています。それは結局、弱者連合だったからなのです。成功を望むなら一番強い相手と手を結ぶ、ということが基本だと思うのです。

かつての例を挙げれば、ソニーが韓国のサムソンとＳ‐ＬＣＤをつくった時は、当時の副社長で、プレイステーションをつくったことで知られる久夛良木《くたらぎ》健氏が、「組むなら世界で一番強いところと組め。それはサムスンだろう」と指示してＳ‐ＬＣＤができた、という話もあります。

島国根性の強い日本人は、どうしても内向きな見方に偏りがちなのですが、視野を広く持ち、世界で一番強い企業と手を組むということがもっとも大切なことで、それがＪＡＳＭなのだと思います。

2 最先端よりも最多需要の獲得を追う

ＪＡＳＭでもう1つのポイントになるのは、最先端の半導体をつくる拠点ではないということです。半導体の技術が古いか新しいかを計る目安に、プロセスのサイズがあります。シリコンウエハーという基板の上に回路を描いていくわけですが、描く回路の線の細さをプロセスと言い、数字が小さければ小さいほど細かい線になって、同じ面積であればより複雑で高性能な半導体がつくれることになるのです。したがって、数字が小さければ小さいほど先端のプロセスと言えます。

日本がいま自力でつくれるプロセスは40ナノプロセスが限度で、これは２００８年頃の技術になります。これに対して熊本に建設中の最初の工場でつくるプロセスは、22〜28ナノを予定しています。これは10数年ほど前に最先端技術と言われていたものです。この22〜28ナノレベルのプロセスも独自ではつくれないほど日本の半導体産業は遅れてしまっているのです。

いま世界は、最先端プロセスとして５ナノ、３ナノの製品の生産を開始しています。

２０２２年に発売されたiPhone14で使われているチップは５ナノプロセス、iPhone15は３ナノプロセスです。では28ナノはどのレベルかと言うと、いまから10数年ほど前に発売されたiPhone5に搭載したサムスン製のチップセットがそれに当たります。ですからiPhone5とiPhone14、15くらいの技術の開きがあるということになります。

実はＴＳＭＣは、米国政府の要請に応えて、３／５ナノプロセスの最新工場を米国アリゾナに建設することを決めています。米国には最新のプロセス工場をつくるのに、日本には10年前の技術、世代で言えば４世代も５世代も古い22～28ナノレベルの工場をつくることに対して懐疑的な意見も出ていました。

読者諸賢も「いまさら古い技術の工場をつくってどうするの」と思われるかもしれませんが、実はそこがポイントなのです。昨今の半導体不足が騒がれるなかでも、余っている半導体もあれば足りないものもあるという状態なのです。

２０２２年頃まで、例えばアップルの最新のMacBookやｉＰａｄでも、たしかに一部の商品で流通が不足しているものはあったものの、最先端の３ナノ、５ナノチップに関しては確保できていたようです。

エレクトロニクス製品は最先端のチップさえあればできるというものではなく、製品システムとして組み立てられるものなので、さまざまな部品が必要となります。

なかには、それほど高性能ではない古い世代のプロセスでつくられる半導体のような部品もあるのです。電源回路に使うもの、液晶を表示させるもの、音量をコントロールするものなど、こういった安い部品は比較的古いプロセスでつくる半導体が使われます。最先端機器であっても、まさに大量に消費される半導体が、この22～28ナノプロセスを含めた古いプロセスの製品なのです。

10年前の予想をはるかに超える量を、いまこの22～28ナノプロセスの半導体に求められるようになっているのです。なぜかと言うと、１つはここ数年で急速に増えたＰＣやタブレットなどの需要もありますが、もう１つは自動車への需要です。

いま自動車は電気部品の固まりと化しているので、ＩＣは不可欠な部品です。特に自動車の場合、振動や埃、熱に大きな寒暖差、などといった劣悪な環境のなかで使用される製品なので、最先端の部品よりも使いなれた部品のほうが打ってつけなのです。したがって、実績があって安定した品質のものが採用されるのですが、その中心になるのが22～28ナノプロセスというわけです。

さらに付け加えると、従来の日本であれば、市場や顧客、需要といったビジネスの面をないがしろにして、新しい技術、他にない技術、他との差異化ばかりを優先してきたきらいがあるのに、今回は、顧客や市場がいま何を望んでいて何が足りないかを考えたうえで、あえて10年前の半導体をつくろうと意思決定したことに、大きな意識変革が感じ取れます。特に、かつてはサムスンとの合弁事業を始めたソニーを痛烈に批判した経済産業省が、今回の誘致を認めたことに隔世の感を覚えます。

3　ビジネス視線で支援に乗り出す政府の意識変革

ＪＡＳＭの当初の工場の建設は投資総額86億ドルと言われています。その大半はＴＳＭＣが出資するようですが、日本政府も６０００億円規模の基金を組んで支援することになっています。

最近まで22~28ナノレベルの半導体が不足していたことは世界共通の認識なのですが、だからといって、増産を目指して新工場などに設備投資するにはなかなか手が回りません。台湾にあるＴＳＭＣ工場の28ナノのラインは稼働して10年以上経ちましたので、減価償却は終わっていると思われます。新規に建設した工場と減価償却が終わった工場では、コストの構造がまったく違ってきます。

したがって本来は、日本で熊本に新工場を建てて生産を行えばビジネス上マイナスになってしまう可能性があるのですが、ここに日本政府が10年分の減価償却費に相当するであろう額を熊本の工場に支援する意味があるのです。新しく稼働する工場ではありますが、10年前の台湾の工場と減価償却というコスト面では平等の条件で戦えます。いわば、10年分の減価償却費を、日本政府が肩代わりしたようなものです。

いままで日本政府の支援は、何をつくるか、どのような新技術を開発するかに対して行われるものが中心で、世界と同じ土俵に上がってどのように戦うかが軽んじられてきた感があります。その意味でも、ここまでビジネス的に考えられた科学技術政策は、いままで日本では見たことがないと思います。

この点が熊本につくる工場の画期的なところで、ある意味ラピダスとは対極をなすものです。いかに日本でビジネスを築き上げるかというのが熊本の話であり、従来の日本が好きな、常に最先端の技術を追い求めるのがラピダスで、そこに違いがあるのです。

このように考えると、経済産業省は、既存技術への投資というＪＡＳＭの支援と、不確実性の高いラピダスへの支援という正反対な性格を持った半導体育成政策を同時に行っていることがわかります。

これは、確実な収益化が見込めるローリスク・ローリターンのＪＡＳＭ支援と、うまくいけば収益は莫大なハイリスク・ハイリターンのラピダス支援をうまくミックスしたポートフォリオでバランスよく投資をしているようにも見えます。

先述のＴＳＭＣのアリゾナの新工場は、工場建設の遅れや、[6]熟練工の確保が困難なことから、[7]稼働が遅れ、２０２５年にずれ込みそうだとのことで、順調に稼働が見込まれるＪＡＳＭ[8]と対照的なため、最近の日本の経済産業省の半導体政策はとても優秀なのではないかという声も出始めています。

6　https://jp.reuters.com/business/technology/CPBWRKS7KFJ5TADPIFE2RJEWNU-2023-09-15/
7　https://www.asahi.com/articles/ASR7N628DR7NUHBI01Z.html
8　https://www.nikkei.com/article/DGXZQOJC14DJ0U3A211C2000000/

4 ソニー、アップル、TSMCの三角関係

ＪＡＳＭの新工場の隣には、ＣＭＯＳイメージセンサーをつくるソニーの半導体工場があります。ＣＭＯＳイメージセンサーとは、自動運転のためのセンサーやスマホ、デジタルカメラなどに使われる、いわゆる撮像素子と呼ばれる映像を電気信号に換える装置です。これをつくっているのが、ソニーの熊本工場（ソニーセミコンダクタマニュファクチャリング）なのです。

ソニーはＣＭＯＳイメージセンサーの市場で45％のシェアを持つトップ企業であり、日本の半導体メーカーとしてもルネサス、キオクシアを上回るポジションにいます（図表3－2）。

ＣＭＯＳイメージセンサーも、フォトダイオードと呼ばれる光を電気信号に変換する半導体部品です。ＣＭＯＳイメージセンサーは、表面で光を電気信号に変えるセンサーチップと、裏面でセンサーを制御するロジックチップからなります。

センサーだけあってもカメラとしては機能しないので、カメラモジュールメーカーは、

ＣＭＯＳセンサーにレンズや配線板などを組み合わせてカメラモジュールにしてスマートフォンメーカーに売ることになります。

いまＣＭＯＳイメージセンサーの分野でトップのシェアを持つソニーですが、一時期、カメラモジュール全体をつくろうと意図した時もあったのですが、現在は撤退をしています。[9] ここでソニー自身がつくる部品は、イメージセンサーの表面のセンサーチップだけになります。

現在ソニーは、センサーをつくることのみに集中、さらにセンサーチップの生産に特化し、ロジックチップは外部から調達しています。

シェア2位のサムスンは、もともと自前の半導体工場を持っていたのでロジックチップの半導体も自作できますから、ソニーは半導体不足でロジックチップの調達が滞ればサムスンに抜かれてしまう恐れがあります。それでもいま、ソニーは多額の投資をしてセンサーの増産に拍車をかけ、とにかくサムスンに負けないようにしていますが、ロジックチップについてはやはり他社、つまりＴＳＭＣから大量に調達する必要があります。

9 https://www.nikkei.com/article/DGXLASDZ07IKV_X01C16A1TJC000/

図表3-2　スマートフォン向けイメージセンサーの2021年世界シェア

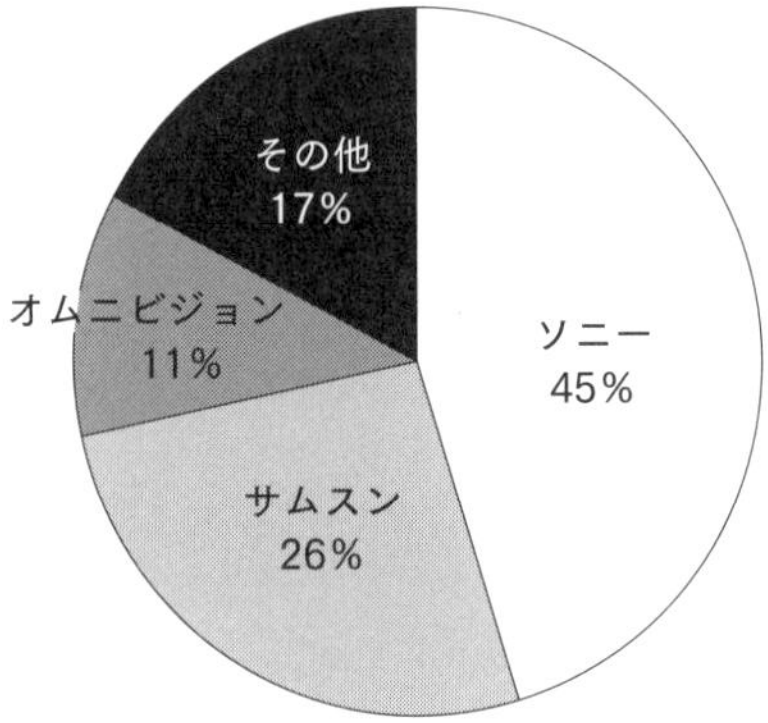

（出所）https://xtech.nikkei.com/atcl/nxt/column/18/01231/00058/

ソニーの半導体増産は非常に正しい判断で、半導体はとにかく数を追ってつくることがビジネスを制するので、ソニーはセンサーを増産します。その先に見えているものが、ＴＳＭＣとの合弁工場であり、その工場でつくられるものが、まさにモジュールに必要な裏面の半導体である22／28ナノプロセスの半導体なのです。

　現在ソニーのＣＭＯＳチップに用いられているロジックチップは40ナノプロセスが主ですが、今後は22ナノが主流になるとみられます。[10] 熊本にＴＳＭＣの工場がつくられてソニーが22／28ナノプロセスの半導体の安定供給を受けられるようになれば、ＣＭＯＳイメージセンサーでのソニーのトップシェアは揺るぎないものになるのです。いま日本で数少ないトップシェアの半導体メーカーの地位を持続させることができます。このＣＭＯＳイメージセンサーのトップシェアを守るためにも、熊本のＴＳＭＣは必要なのです。

台湾では報道されていましたが、実はＴＳＭＣ熊本進出の影の立役者はアップルだったと伝えられています。[11] アップルにとって、サムスンはスマートフォンの分野でのライバルです。したがってアップルにしてみれば、イメージセンサーがサムスンに握られるのは好ましくなく、ソニーのイメージセンサーのほうに加担したい。そうした時に、日本がＴＳＭＣの誘致に動いていることを知ったアップルは、ＴＳＭＣにソニーとの合弁を強く推したということです。

もともとＴＳＭＣにとってアップルは最先端の３ナノ、５ナノのチップセットのお得意様ですから、そのお得意様からソニーを助けてやってくれと言われたことがＴＳＭＣの熊本進出のきっかけになったという話です。

日本がいくら誘致を持ちかけても、ＴＳＭＣの側にもメリットがなければ誘致は成功

10　https://news.mynavi.jp/techplus/article/20230712-2726147/
11　https://news.mynavi.jp/techplus/article/20221223-2544117/

しません。そこで、最後はアップルの一押しがあったということのようです。

ソニーはアップルにＣＭＯＳイメージセンサーを供給し、アップルはＴＳＭＣからチップセットの供給を受ける。そしてＴＳＭＣはソニーに対して、ＣＭＯＳイメージセンサーをつくるのに必要な22／28ナノのロジックチップを供給する。この良好な三角関係が成り立つようにつくられたのが熊本の工場だと言われています。

いずれにしても、最先端ではないけれども日本のビジネスに欠かせないものをつくろうとしている、ということがこの工場の特徴だと言えるわけです。

ただし、22／28ナノプロセスを生産するのはＪＡＳＭの第１工場の話であり、ＪＡＳＭは古い半導体だけを製造する工場ではなく、今後建設が進む第２工場や第３工場では、より先端な半導体の生産も手掛ける予定です。第２工場は12ナノプロセス（５ナノの計画もあるという報道もあります[12]）の工場として２０２４年に着工、２０２６年末までに稼働開始予定[13]、第３工場は３ナノプロセスを手掛けるという報道もあります[14]。

いずれにしても、ＪＡＳＭは台湾から生産技術を段階的に導入し、22／28ナノプロセスから始めて徐々に難度の高い製造を手掛けようとしているのがわかります。前述したように、こうした動きを見ても、ラピダスが一足飛びで最先端の２ナノを目指すのはいかがなものでしょうか。製品技術と設備だけがあっても量産はできないと述べる半導体エンジニアもいます。

5 十時ソニーのイメージセンサーにかける決断

世界最大のＣＭＯＳイメージセンサーを手掛けるソニーの本社であるソニーグループは、２０２３年４月に吉田憲一郎社長から現在の十時《とき》裕樹社長に交代をしました。十時社長はソニー銀行の創設を主導し、まさに現在のソニーのファイナンス事業を成長させた人物です。[15]

その十時ソニーがいち早く発表したのが、金融グループの分離・独立です。金融グル

12 https://www.bloomberg.co.jp/news/articles/2023-11-21/S4EGMKT1UM0W01
13 https://newswitch.jp/p/37667
14 https://www.bloomberg.co.jp/news/articles/2023-11-21/S4EGMKT1UM0W01
15 https://newswitch.jp/p/35673

図表3-3　ソニーの事業ポートフォリオ

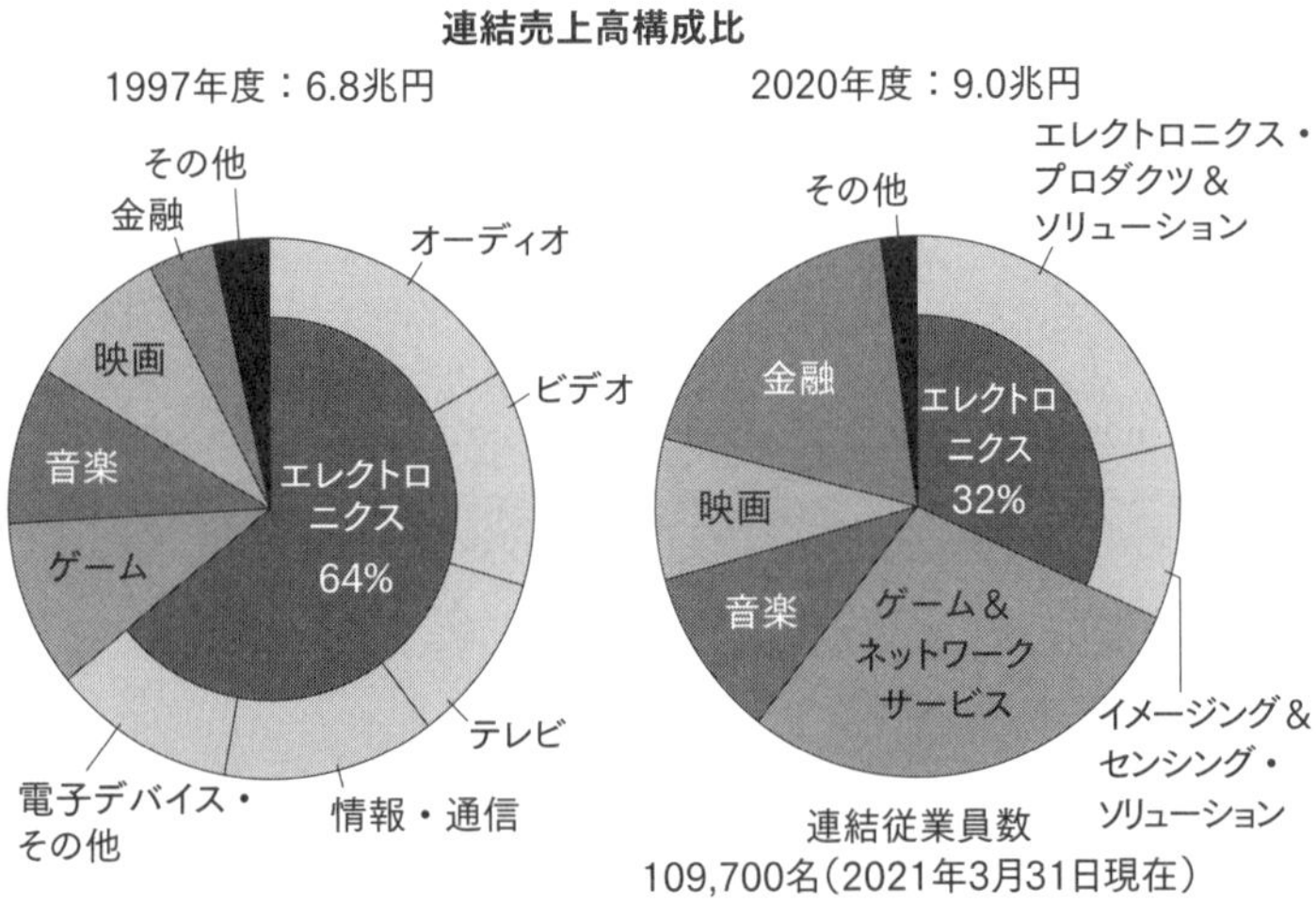

（出所）https://media.bizreach.biz/32344/

ープの分離の理由を「エンターテインメントや半導体に経営資源を集中させる」ためとしています[16]。１９９０年代後半６割以上がエレクトロニクスの売り上げで占められていたソニーグループの事業構成は今日では、エレクトロニクスが３割強、残りをゲームや音楽、映画などのエンタテインメント、金融といった多様な事業で占められています（図表３－３）。

　個々の事業は異なる事業環境に置かれていますので、その戦略もまちまちです。エンタテインメントビジネスでは、リスクを回避して安定的な収益を確保しようとする戦略を取っています。例えば、ディズニーは自前のＩＰ（知的財産）を抱え込み、自社でアニメーション作品を制作し、ディズニーチャンネルなどの自社の媒体で作品を流通させています。

この場合、すべての権利、事業を抱え込んでいるので、作品が当たれば莫大な収益がディズニーに入ります。しかし、エンタテインメント作品は莫大な投資が必要な割に当たりはずれがあり、当たれば大きな収益が得られますが、不調だと大きな損失にもなります。

ソニーは、自社のコンテンツ制作に注力し、配信などをパートナー企業と協力することにより、利益も分け合いますが、同時にリスクも分け合い、ソニーのリスクを軽減しています。[17]例えば、アニメ作品の『鬼滅の刃』は、アニメはソニーのＩＰですが、原作は集英社のコミックで、作品はフジテレビやNetflixを通じて配給されます。このように、当たりはずれの大きなエンタテインメントでは、リスクを分散して安定的な収益を得る戦略を採用しているのです。

16　https://www.nikkei.com/article/DGXZQOUC181DS0Y3A510C2000000/
17　https://www.nikkei.com/article/DGXZQOGN09D470Z00C24A1000000/

一方で、半導体についてはどうでしょうか。ソニーはＣＭＯＳイメージセンサーの市場で45％というトップのシェアを有していますが、近年サムスンが追い上げてきており、２０２１年には26％のシェアを獲得しています。ソニー、サムスンのどちらも譲ろうとしない状況でシェア争いは激しくなってきています。[18]

数の競争でサムスンに負けないようにするため、ソニーは２０２３年６月に熊本に新たにＣＭＯＳイメージセンサーの工場を新設することを発表しました。日刊工業新聞は２０２３年６月27日の記事で、「２０２４－26年度の画像センサー向け設備投資額は21－23年度と同等の約９０００億円規模を見込む。現在、世界首位の画像センサー事業を強化し、盤石なものにする」と報じています。[19]

このように、同じソニーでもエンタテインメントではリスク分散型の戦略を取る一方で、数がものをいう半導体事業ではしっかりとリスクを取って世界一位の数を追う戦略を講じています。しっかりとした大胆で迅速な投資の意思決定ができる十時社長は、優れた経営者であるとともに、財務、金融の経験をもとにした優れた投資家なのかもしれません。

筆者はかねがね、投資こそ最大のオープンイノベーションであると述べてきました。

投資をして新たに外から知識を導入し、新たな事業の組み合わせをすることも、１つの大切なイノベーションの形態と考えるからです。

かつて民主党政府の事業仕分けで「２位じゃダメなんですか？」という言葉がありましたが、リスクを負ってでも数を追わないといけないほど、「１位でないとダメな事業」が半導体なのでしょう。こうしたメリハリの利いた戦略が昨今のソニーの好業績を支えているのかもしれません。「いたずらに数を追わず、技術で差異化を」という言葉に隠れて数を追わない日本の多くのデバイス事業の失敗とは正反対な事象です。

6　台湾のエレクトロニクス産業とＴＳＭＣ

ＴＳＭＣはTaiwan Semiconductor Manufacturing Companyの略で、台湾での正式名称は「台湾積体電路製造股份有限公司」。アップルやインテル、クアルコムなど多くの

18　https://xtech.nikkei.com/atcl/nxt/column/18/01231/00058/

19　https://newswitch.jp/p/37474

企業を顧客とし、提供した半導体は、小は補聴器から大は宇宙船まで採用されている、世界でもっとも株価時価総額の高い企業の1つです。

ここでは、ソニーグループが誘致を望み、日本政府も後押しする台湾のＴＳＭＣという世界最大の半導体製造企業の理解を深めるために、台湾のエレクトロニクス産業の歴史とともに、ＴＳＭＣがいかにして生み出されたかを見ていくことにします。

台湾の政治経済環境は、長く外的な要因によって大きく変化してきました。もともと農業を主流としていた経済が一変したのは、先の戦争前の日本統治下で日本の資本が大量に流れ込んで工業化が一気に進んだことと、日本の敗戦後に中国国民党がその資本のほとんどを政府に集中させたことが大きく影響しています。

それに加えて、１９５０年に勃発した朝鮮戦争を境に行われた米国の資金援助が台湾の経済建設の基盤となり、65年からは日本資本が合弁という形で投入されて輸出型経済という経済構造の基礎が築かれたのです。

とはいえ、この頃の台湾の工業は日用品やおもちゃなどの軽工業が中心でした。電機メーカーはあっても炊飯器などのローテク家電を生産するだけで、半導体などのハイテク製品の開発を行おうとする企業は皆無でした。日本や韓国では民間企業が中心に半導体産業が興りましたが、台湾では半導体産業の育成は民間企業ではなく、政府の役割が大きかったのです。

こうして国民党政権下で政治的には長きにわたる戒厳令が敷かれ自由が制限されていたものの、経済の面では順調に発展を遂げていた台湾に、大きな影響を与える国際政治の環境変化が訪れます。

それが中華人民共和国の国連での承認であり、その決定を受けた国民党政府の国連からの脱退（脱退という表現は台湾の立場からのもので、国際的には国連における中国の代表権が、台北の政府から北京の政府に移動したとされています）でした。これにより台湾は、国際社会での孤立を一気に深めていきます。

この苦境を乗り切るため、台湾政府は政治・経済の両面の主導権を一層政府に集中させ、特に経済面では「十大建設」「十二項建設」と立て続けに計画を発して輸出指向工業化への道を走ったのです。そして、この施策がもとになって、新興工業経済地域（ＮＩＥＳ）の旗手として世界で脚光を浴びるようになります。

その後、１９７０年代後半から80年代の経済建設計画では科学技術に主眼が置かれ、工業の方向を高付加価値のハイテク産業にシフトしていくのです。そして、台湾政府は孤立した台湾の存立基盤を強化する経済力をつけるとして、また、軍事技術の内製化という目的のため、半導体産業の創出に舵を切りました。

第2次世界大戦までは軍事力は主に陸軍の兵士の数で決まっていましたが、戦後はミサイルなどの誘導兵器が戦力の中心になってきました。徴兵制がある各国でもここ数十年は、徴兵した市民を軍隊に入れるのではなく、そのほかの公共の仕事につかせる代替役の制度が普及するようになっています。軍人の数がものをいう時代から、ミサイルの時代に変化したためです。

そして、誘導兵器には正確な軌道計算を行うためのコンピュータが必須であり、半導体は、軍事技術としても重要な技術と考えられるようになりました。この近代的な軍事技術を内製化しようというのも、台湾政府が半導体産業育成に乗り出した理由の1つなのです。

台湾では半導体産業の育成が盛んになった1979年に国防役と呼ばれる代替役の制度が導入され、理系の優秀な大学生に対して半導体やソフトウエアなどのエンジニアとして国の研究機関や民間企業で働くことを兵役の代わりとする制度が導入されていました。台湾の半導体産業育成は、中国との対立関係のなかで、経済的にも軍事的にも対抗する力をつけることが目的とされていたのです。

さらに、新たな外資の導入と技術移転受け入れを目的として、ハイテク産業の入居に限定して「科学工業園区（サイエンスパーク）」を設置。最初の科学工業園区は新竹に置かれ、民間資本によるハイテク産業への投資を刺激したことにより、新竹科学工業園区は台湾版シリコンバレーと呼ばれるまでに成長しました。

7　ハイテク産業の育成に果たしたＩＴＲＩの役割

経済政策の重心をハイテク産業の育成に移した台湾は、その推進母体として研究機関「工業技術研究院（ＩＴＲＩ：Industrial Technology Research Institute）」を発足させました。このＩＴＲＩが、台湾の半導体産業とＰＣ産業を軌道に乗せるのに重要な役割を果たします。台湾の技術レベルを上げるため、オランダのフィリップスや米国のＲＣＡといった外資系企業から半導体の技術とノウハウを導入することを進め、ＩＴＲＩは導入した技術を内部で吸収し、それをまた台湾の民間企業に移転していったのです。

そのため、ＩＴＲＩからはさまざまな形態のスピンオフ企業が生み出され、さらに技術の民間移転が促進されました。半導体製造で現在世界第４位の聯華電子（ＵＭＣ）は、初期のＩＴＲＩの半導体開発プロジェクトの成果がスピンオフしてつくられた企業です。

スピンオフの過程で多くの新興企業が生み出された結果、台湾の半導体産業は、製品の開発・製造プロセスの種々の工程を別々の企業が担い、企業間のタスクフォースによって１つのＲ＆Ｄプロジェクトが形成される垂直分業型の産業構造がつくられていったのです。

さらに台湾の半導体産業を飛躍させる契機となったのは、１９８５年にその後「台湾半導体の父」と呼ばれることになるモーリス・チャン（張忠謀）氏がＩＴＲＩの所長に就任したことでした。チャン氏は、ＩＴＲＩの役割を研究開発にとどまらず、技術成果を経済的価値に変えることだと常々述べてきた人です。

もともとＩＴＲＩは、半導体開発を単なる研究開発テーマとして研究だけを行うのではなく、両岸関係の緊張のなかで、台湾の経済力、軍事力を強化するという切実で失敗できない事業化という課題を担っていました。ですから、半導体製品の開発技術をつけるだけでなく、最初からビジネスをにらんだ大量生産のための生産技術や製品戦略についても重要視していました。

ＩＴＲＩが米国から半導体技術の技術移転をもくろんだ時にＲＣＡ以外にも候補はあったそうです。しかし、ＲＣＡだけが技術移転にとどまらず、生産のための人材教育まで引き受けてくれることになったため、ＲＣＡをパートナーとすることに決めたと言われています。

こうした政府系研究機関が自ら大量生産やビジネスの戦略まで考えていたところが、日本の政府系研究機関との大きな違いかもしれません。

8　モーリス・チャン氏によるファブレス&ファウンドリーの推進

ＩＴＲＩの所長に就任したチャン氏は、半分は政府の資金で、残り半分は民間から調

図表3-4　アメーバ型開発組織としての台湾産業

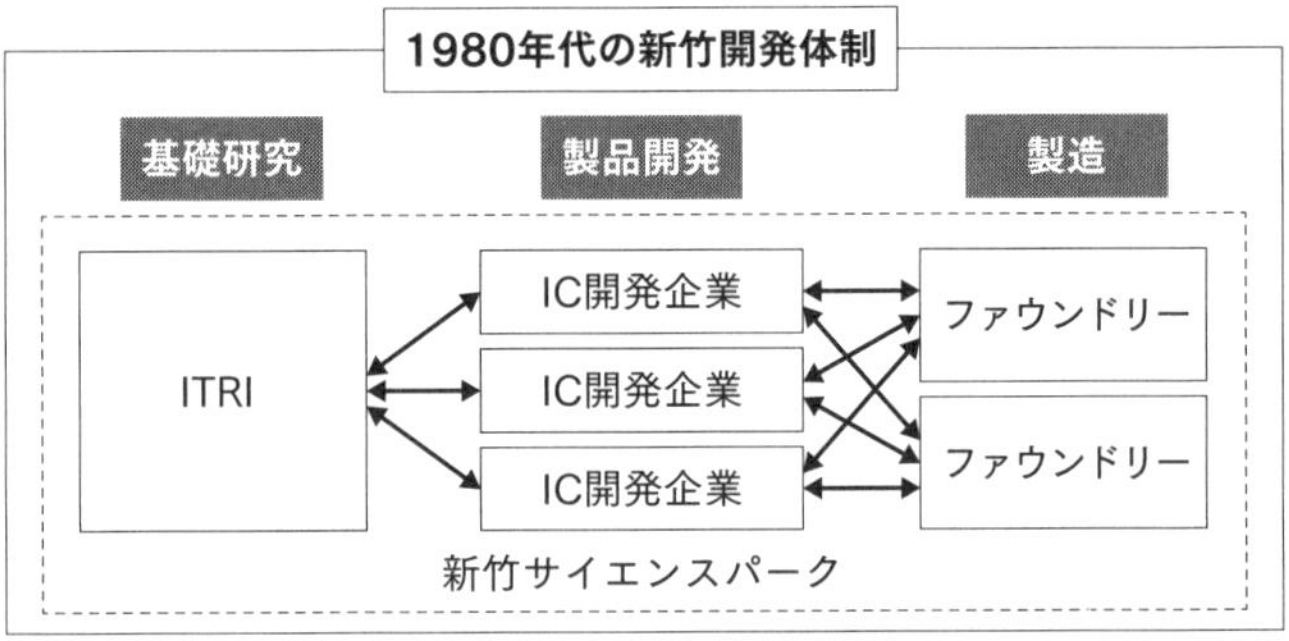

（出所）長内厚（2007）「研究部門による技術と事業の統合――黎明期の台湾半導体産業における工業技術研究院（ITRI）の役割」『日本経営学会誌』No.19、pp.76-88

達した資金で研究開発を進めるという「50／50制度」改革を推進しました。これも、経済価値につながる技術開発というＩＴＲＩとチャン氏の思想を実現するための施策でした。

ＵＭＣの事業化以降、順調に台湾の半導体産業は成長していきました。しかし、世界を相手に台湾の半導体産業がリードしていくためには、事業の規模が必要で、そのためには大規模な半導体製造に乗り出す必要がありました。

ＶＬＳＩ（超大規模集積回路）のプロジェクトを推進する際、ＩＴＲＩは、規模の経済性のある大規模な大量生産を目指したいと考えていましたが、台湾で成長過程にあった民間の半導体関連企業は、小口の生産数を求め意見が対立しました。そこでチャン氏が目をつけたのが、当時机上の空論と呼ばれていたファブレス&ファウンドリーシステムです。

日本や韓国の半導体企業は、社内で企画・開発・製造を一貫して行うＩＤＭ（Integrated Devise Manufacturer）と呼ばれる事業形態を取っていますが、ＩＴＲＩは規模の経済性に関わる製造工程のみをファウンドリーと呼ばれる大規模製造会社に集中させ、開発業務自体はファブレス半導体開発企業としての多くの中小企業が担う戦略を取りました。こうすることで、小ロットの製品開発にも柔軟に対応することができ、多品種少量生産と規模の経済性の両立を実現したのです（図表３－４）。

このような戦略から生まれた大規模ファウンドリーの１つが、ＴＳＭＣなのです。先にスピンオフしていたＵＭＣはそもそもＩＤＭだったのですが、ＴＳＭＣの成功を経て、ＵＭＣもファウンドリーに業態変更を行っています。

コモディティ化に直面して苦戦を続ける日本は、台湾の効率的なものづくりの仕組みを学ぶべきとも思いますが、安易に真似をすればよいというものでもありません。台湾の産業に、どのような環境条件がどのように影響したかについても、十分に留意することが必要です。

今回のＪＡＳＭの建設は、ものづくりのアプローチが違う日本と台湾が、互いの「ものづくり」の良さを取り入れる好機とも考えられます。分業によって低価格の製品をつくることに長けている台湾や中国を、単に競合として捉えるのではなく、相互補完的なパートナーとなるような仕組みを提案していくことが大切と考えます。

第4章

技術だけ強い日本の戦略的課題

1 技術信仰に縛られた日本企業

日本の開発研究者は、と言うより経営判断も入りますから、日本の企業は、と言ったほうがよいのでしょう。とにかく日本の企業は、「新しい技術で性能の良いものさえつくっていれば、消費者は必ずついてきてくれる」という技術信仰の呪縛から長く抜け出せずにいました。つまり、技術面でのトップに立っていさえすれば成功すると思い込んでいる会社がほとんどだったということです。

その信仰がいかに的外れであるか、について述べることにします。

ソフトバンクが携帯電話事業に乗り出した際、携帯電話キャリアでは3番手だったのですが、先行のＮＴＴドコモとａｕ以外にビジネスで儲かるキャリアはないだろうと言われていました。しかし、新規参入のソフトバンクは切り札を手にしていました。iPhone の独占供給権です。当時の日本では、iPhone を手に入れるためにはソフトバンクの携帯電話に加入するしかありませんでした。

iPhone を手に入れられないＮＴＴドコモやａｕは、携帯電話メーカーに iPhone より高性能のスマートフォンをつくるよう要求しました。それを受けた日本のメーカーは、要求どおり iPhone より高機能・高性能のスマートフォンをつくったのですが、ここでの注目点は高機能・高性能という点です。つまり、iPhone にない機能があるか、あるいは処理速度が速い、バッテリー容量が大きいなどというより高い性能があるかという話です。

しかし、消費者が求める iPhone の価値は、そうしたものではありません。デザインはもちろん iPhone というブランドや、気持ち良くかっこいい操作性にも魅力を感じているのです。それなのに機能・性能が他よりも優れていれば、つまり機能的価値さえ高ければ売れるに違いないと考えるのが、日本のメーカーだったのです。

iPhone に対抗するスマートフォンを発売した際、当時のＮＥＣの社長が「機能・性能、全方位どこから見ても iPhone より上回っている。これで負けるはずがない」と宣言していました。結果は惨敗でした。

テレビも同様です。常に高画質・高機能であることが必要、下手に安っぽいものをつくってはいけないというようなことばかりを考えて、どんどん自らのマーケットを小さくしていってしまいました。白物家電にもインターネット機能を付けるなど多機能を施し、スマート家電なども高機能製品をどこよりも早く開発してつくる。しかし、肝心の消費者がそんな機能は求めていないので、開発の労力が価格に反映されません。

日本の家電でいま好調なのはどこでしょうか。機能的には平凡だけれどもデザインと価格がこなれたアイリスオーヤマのようなメーカーが成長しているのです。

2 ビジネスとして同一スペックのものが長期に必要

このように、技術的に優れたもの、機能・性能がどこよりも上であることが日本のエレクトロニクスメーカーの長い間のこだわりになってしまっていたのですが、今回のＪＡＳＭの熊本工場は違います。

技術的には最先端ではなく10年前のものではあるけれど、いまビジネスとして必要とされているものをつくろうとしているところが、従来の日本のエレクトロニクス産業と比べて画期的なのです。特に現在日本がトップシェアを誇るＣＭＯＳイメージセンサーに必要な半導体を、そしていま日本が世界に肩を並べる自動車産業を支える半導体をつくろうとしています。

10年前の、22／28ナノプロセスの半導体が世界中で不足し、増産が追いつかないでいるのは、10年前よりもこのレベルの半導体の需要が大幅に伸びたからです。

自動車用の車載コンピュータのことをＥＣＵと言いますが、かつては半導体などまったく使われていなかった自動車に、電子制御技術が入るようになったことで使われ出し、次第にその数を増してきました。現在は1台の自動車のなかで１００以上のＥＣＵが同時に動いていて、もはや大量の半導体なしでは自動車は動きません。さらには自動運転技術の進化もあって、各種のセンサーや制御用の半導体需要も増えているのです。

しかも先に述べたように、自動車に必要とされる半導体は常に新しい技術である必要はなく、むしろ10年間安定して供給される技術のほうが大切なのです。

ある日本のエレクトロニクスメーカーの車載事業部長だった人の話を紹介します。エレクトロニクスメーカーとしては自動車メーカーに、当然新しい技術の良さを説明する。すると自動車メーカーの購買担当者は、「いや、必要以上の性能や機能などはいらない。我が社が最低限必要としているスペックがあればいい。それよりも、品質よく長持ちして、しかも10年以上きちんとつくり続けてくれるのなら買う」と言われたそうです。

日本は、エレクトロニクス製品を次々と新しい商品に置き換えてしまいます。液晶パネルを例に取っても、当時は日進月歩だったので、1、2年おきに次々と新しい規格のパネルが出てきていました。新しいパネルが出たとたん、古いパネルはもう生産しなくなります。そうなると修理用の在庫もなくなるわけです。

例えば液晶テレビが壊れたとします。テレビについては、経済産業省による性能部品の保有期限は8年と定められているので、8年間は修理する義務があるのですが、メーカーも在庫として8年前のパネルなど持ってはいません。そこでどうするかと言うと、異機種変更と言って異なる機種に変更するという対応になるのです。

テレビであれば修理代金の代わりに一定の額を払ってもらって、新しいテレビに置き換えます。スマートフォンも壊れたら交換してくれるサービスがありますが、壊れたモデルはもう在庫がないので新しいものと交換させてください、という異機種変更対応になります。3年から5年のスパンでなくなってしまうことが当然視されているのが、エレクトロニクスの製品なのです。

しかし、それと同じことが自動車では許されません。5年経って部品がないので新車と交換しますなどということになったら、自動車メーカーは商売にならないのです。エレクトロニクス製品以上に耐久消費財なので、10年以上の使用に備えなければなりません。したがって、自動車に使うＩＣ部品は最先端高スペックのものより、一定スペックのものを長期にわたってつくり続けなければならないのです。

さらに言えば、新興国での自動車や家電製品の需要も爆発的に伸びたことで、10年前の予想をはるかに上回る量の半導体が必要となってもいるのです。しかし、いまある工場の生産能力だけでは増産も限界が出ているのです。こうした半導体の事情と、エレクトロニクス製品を技術論ではなくビジネスとしてしっかり捉えていないと、今回熊本に22／28ナノ工場をつくる意味はなかなか理解できません。

3　半導体以外で事業に育てられなかった技術

リチウムイオン電池は、旭化成の吉野彰氏がその基本構成を完成させたことでノーベル化学賞を受賞した、日本発の非常に優れたテクノロジーです。この技術をパッケージングして製品化したのが、ソニーや三洋電機、東芝といった日本メーカーでした。その後、リチウムイオン電池事業で大きく業績を伸ばしたのが三洋電機です。

さらにそれを大きな規模で成長させる目論見で三洋を買収したのがパナソニックでしたが、目論見どおりには大きなシェアを取ることができず、中国資本のバッテリーメーカーＣＡＴＬにそのシェアを奪われてしまったという過去があります。

従来の自動車メーカーは、ＥＶに搭載するバッテリーを専用のものと考えていたのに対して、テスラは標準的な部品を使って安くＥＶをつくってしまいました。ちなみに中国のＢＹＤは、ブレード型と言われるバッテリーを使用しています。ＢＹＤは自動車メーカーであるとともにバッテリーメーカーでもあるので、自社向けに都合のよいものをつくるという、これはまた別の戦略です。

テスラなどは、自社で部材をつくっている企業ではないので、標準的な部材を仕入れて組み立てたほうが安価なのです。そこが垂直統合型企業のＢＹＤとテスラとの違いです。

テスラは、標準的なリチウムイオン電池をとにかく安く大量につくってくれることをパナソニックに期待していたのですが、テスラの中国進出に当たってパナソニックは十分な量のバッテリーを供給できませんでした。

図表4-1　EV用バッテリーの2022年世界シェア（1〜11月）

BYDはCATLに次いで世界2位

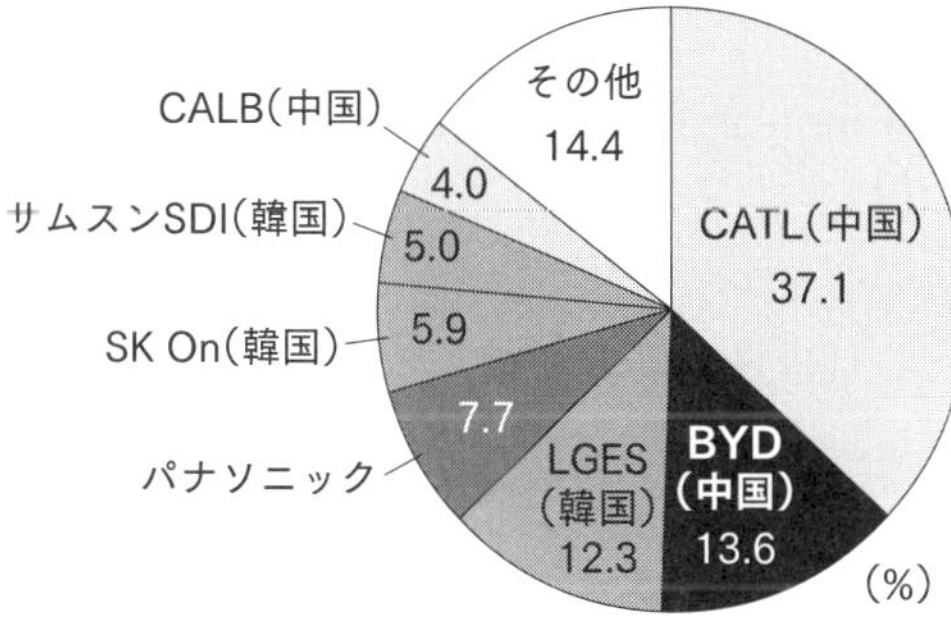

（%）

（出所）韓国SNEリサーチ　https://president.jp/articles/photo/65354?pn=5

当時パナソニックの社長だった津賀一宏氏も、いたずらに数を追わず品質を追求すると言っていて、その結果、テスラは中国でのバッテリー供給先にＣＡＴＬを選ぶことになり、ＣＡＴＬはいまや世界トップのリチウムイオンバッテリーメーカーになっています。

ちなみに、ＢＹＤのブレード型バッテリーのリチウムイオン電池技術には、古くからある技術であるリン酸鉄リチウムイオン（ＬＥＰ）系の電池が使われています。[20]

ＬＥＰは、蓄電容量は小さいのですが、安価で安全性が高いという特徴を持っています。

ＢＹＤだけでなく、中国の多くの低価格ＥＶに

20　https://president.jp/articles/-/65354?page=4

はＬＥＰ系の電池が採用されています。そして、廉価で標準的な技術を採用したＢＹＤのＥＶが電気自動車市場でテスラを抜いて世界シェア1位に躍り出たことを考えると、[21]「技術さえよければ、お客様は買ってくれる」ということが神話にすぎないことがおわかりいただけるでしょう。

　国際的に分業が進みオープンな環境でイノベーションが行われる今日では、特定の企業が少量供給できるユニークな技術よりも、国際的に広く外販でき、標準部品として使うことのできる技術のほうが、使い勝手が良く、コストパフォーマンスも良いので顧客企業や消費者に受け入れてもらいやすいということなのです。

　このように日本は、技術的な優良さだけを求め続けた結果、多くの場合であえなく数の力に負けてしまっているのです。特に21世紀になってから、この傾向が顕著に出ています。

　21世紀はオープン化と標準化の時代になりました。先にも述べたように、大量に安く供給することで1位を取った者が総取りできるゲームになってしまったのです。例えばシャープが大型化に成功した液晶パネルも、大規模なパネル工場に投資をしたパナソニックのプラズマパネルも、どちらも世界のビジネスでは成功を収められませんでした。

これらに共通しているのは、日本が最初につくった技術を他国が標準化して大規模ビジネスに発展させ、その結果、日本が市場から撤退していくという構図です。太陽光パネルも同様で、リチウム電池もそうなりつつあります。半導体もこれとまったく同じ構図で負けていますが、このように、半導体だけが特殊な例ではないという話です。

4　成熟期のイノベーションに必要なもの

バッテリーに関して言えば、日本はいま全固体電池の開発を進めています。これが完成すればＥＶの種々の問題点が解決されるので、日本は全固体電池で巻き返すことができる、と業界関係者は息巻いているようです。

しかし、全固体電池がいままでの、半導体やリチウムイオン電池やパネル類と同じ構図に陥らない保障はどこにもありません。全固体電池は日本でしかつくれないわけでも、

21　https://www.yomiuri.co.jp/economy/20240103-OYT1T50149/

全固体電池なら日本が大量につくって世界中に供給できるというわけでもないのです。

日本人がノーベル賞を取ったような技術をもとにしたリチウムイオン電池でさえ、日本はうまく活かせず、結局は中国に取られてしまった事実をどう見ているのでしょう。

これらに共通した問題点は何かと言うと、既存技術を疎かにしてきたことです。既存技術を疎かにせず、それを収益の種として着実に利用することで新たな技術を開発していく、という発想が欠けていたということです。

イノベーションは成熟と脱成熟を繰り返していきます。企業は、脱成熟の時の備えとして新たな製品をつくっておく必要があるのですが、成熟化するタイミングでは収益の刈り取りをすることが必要なはずなのです。日本の場合は、この刈り取りをする時期にも、刈り取りをせずに次に進んできたことが一番の問題ではないか、と思うのです。

日本人は目移りが早く、1つの製品を仕上げたとたん、もう次の開発に目を移してしまう。せっかく仕上げたいまの製品で、儲けを出すための手立てにじっくり取り組もうとしないところに問題があるのです。

5　いまこそ松下幸之助氏の水道哲学を思い出すべき時

筆者は２０００年代の半ば頃に、液晶パネルの調査で台湾のメーカーを訪れました。その際に台湾メーカーの人に言われたのは、日本という国は、放っておいても新しい技術をつくってくれる、ということです。

当時はシャープが技術的に一番進んでいると言われていた頃でしたが、台湾メーカーのＣＴＯ、つまりエンジニアのトップの人から、シャープの技術はそれほど特別なものではなく、台湾メーカーも関連特許を持っているのでやろうと思えばシャープと同じことはできる。しかし、できても戦略的にやらないのだ、と言われました。

彼はその理由として、新しい技術は不確実性を伴い歩留まりも悪く、そのうえ、新しい技術だけでは数を取ることができない。だから自分たちは、まず日本という実験場が新技術の実験を始め、そこで技術的な課題があぶり出され、技術が安定した後、ビジネスとして大きな規模になると判断できた段階で日本と同じものに大きく投資する、それがもっとも効率が良い方法なのです。新しいことは、日本という研究所に任せておけばよいのです、と話されました。

日本の場合は、投資すべき段階で大きく投資をせず、次の技術に行ってしまうので、結局は台湾や中国や韓国の、都合のよい実験場にされてしまうのです。

台湾メーカーの発言を聞いて、経営の神様と呼ばれた松下幸之助氏の言葉を思い出しました。パナソニックは２００８年にこの社名を変更しましたが、それ以前は松下電器産業と言いました。その松下電器産業をもじってマネシタ電器と言われていた時代があったのですが、それは、二匹目のドジョウ戦略というか、他社から新製品が出るのを待って、同様の商品をつくり市場に大量に供給したことから付けられたあだ名なのです。

創業者の松下幸之助氏は当時、「我々は東京にソニーという研究所を持っている」と言ったことがあるのです。つまり、新しいものを試行錯誤しながらつくるのはソニーに任せて、それが完成したらパナソニックがソニー以上に大量につくって安価にし、大量に市場に投入する。幸之助氏独自の水道哲学がまさにこれなのです。商品を水のように安い価格で誰もが手にできるものにするという発想なのです。

幸之助氏の「ソニーという研究所を持っている」という発言は、開き直りのようにも聞こえますが、恐らくそうではなく、開発の順序が1番手か2番手かということはそれほど重要ではなく、数において1番手か2番手かということのほうが社会的意義は極めて大きいということを理解していたからではないでしょうか。

しかし最近は、パナソニックがソニーのような企業になってしまっているのです。創業者の残した水道哲学が伝承されることなく消えてしまったことが、パナソニックの一番の問題点だと思います。

新しいことはやらなければなりません、脱成熟に備えるために。しかし、成熟化の夕イミングではしっかりと数を追わなければいけないのです。水道哲学こそ21世紀に応用しなければならないのに、それができていないところが、パナソニックの非常に大きな問題点だと思っています。

第5章

日本の半導体産業の歴史

1 技術で勝ってビジネスで負ける

日本企業あるいは日本社会が、これまでなぜ技術でトップを取ることにこだわり続けてきたのか。半導体やエレクトロニクス産業をなぜビジネスとして捉えきれなかったのか。そこには、エレクトロニクス全般に言える過去の成功体験と、日本の半導体が歩んできた残念な歴史が関係していると考えます。

さらに元をたどると、学校教育の課程、カリキュラムもしくはシステムに原因が求められるかもしれません。日本では、高校の段階ですでに理系と文系に分けたカリキュラムが取られることが多くあります。そしてそのまま理系と文系に分かれて大学の学部に進み、特別な事情がなければそのまま卒業します。

理系と文系に分けられることを問題視しているわけではなく、理系学部では経営や経済を学ぶこともないだろうし、文系学部で技術などを学ぶことも一切ない、ということを言いたいのです。いわば、ガチガチの理系頭、文系頭を持って今度は会社に入ることになり、会社でも技術系と事務系とに分けられます。

こう見てくると、10代後半に選択したならば、理系頭と文系頭のままで交わらずに進んでいくのです。もちろん、個人で研鑽を積む人もいるでしょうが、そのような人は例外の部類に入ると考えられます。

そうした教育を受けてきた果てには、技術は得意だがビジネスがさっぱりわからないエンジニアや、技術には疎いがビジネスのコツはつかんでいる営業社員など、社内は二極化と言えるほどの分化が起きてしまうのではないかと思われるのです。

したがって製造業では、技術戦略とビジネスの戦略が分断されたまま事業が行われるケースが増えるのではないかと考えるのです。

前述したイノベーションのフレームワークである、価値創造と価値獲得を思い出してください。価値創造は、新たな技術や製品をつくるプロセスです。これは日本企業では理系のエンジニアが担います。一方で、価値獲得のプロセスは、マーケティングや営業など文系のスタッフが担当します。社内で理系と文系が二分しているなかで、価値創造と価値獲得が統合的にマネジメントできない、これが日本のメーカーが抱える最大の問題と言えます。

話を元に戻して、成功体験と残念な歴史について述べます。

通信産業において、ｉモードが最初に出た頃の第２世代の携帯電話に、ＮＴＴドコモではmova（ムーバ）と言っていた時代ですが、搭載されていたのはＰＤＣという技術でした。このＰＤＣという技術は非常に優れたものでしたが、世界的にはＧＳＭという同じ第２世代の技術に負けて採用してもらえませんでした。

電話は、相手とつながって初めて役に立つ機器ですから、いかに性能が良くてもつながらなければ商品価値はありません。これは「ネットワーク効果」あるいは「ネットワーク外部性の便益」というもので、単体の商品自体がどれほど優秀でもネットワークの規模が小さければ商品価値がない、ということです。その意味では、ＧＳＭはＰＤＣと比べて技術的には劣るけれども世界中で使えるからこちらを選ぶという話になります。

これは、かつて日本で起きたベータ対ＶＨＳのビデオ戦争で、ソニーのベータ方式が技術的にはＶＨＳより優ると言われても、ＶＨＳを持つ人が多いという理由で勝負の軍配はＶＨＳに上がったのと同じ現象なのです。技術的に優れているだけでは、ビジネスとして成立しないということです。

第２世代で負けた日本は、次の第３世代携帯では世界が認める技術を握れば世界のビジネスで主導権を取れるのではないかと思ったわけです。そして、第３世代携帯の国際標準をつくるための国際会議に乗り込んだのですが、日本企業は、技術の標準をつくる場だからとエンジニアばかりをメンバーに選びました。しかし会議に出席した日本の出席者は、欧米メーカーの出席者を見て、エンジニアだけではなくマーケティングや経営戦略の担当者も同席させていることに気がついたのです。

標準規格を話し合う場でも、日本の参加者はエンジニアばかりですので、技術的な妥当性についての議論では発言しますが、欧米の参加者は、エンジニアよりもむしろマーケティングや経営戦略担当のメンバーの発言のほうが強く、論点となっている規格が決まった場合、自分たちにどのようなメリット・デメリットがあるのか、といったビジネス面での議論で盛り上がっているのです。日本は純粋な技術論以外の知識には乏しいメンバーですから、そうした議論に入り込むことができなかったと言います。

この場面を見ても、「技術さえよければ顧客はついてきてくれる」という日本の製造業の純粋さ、と言うよりも甘えが見て取れます。

2 日本が米国に勝った半導体製造技術

経営学では有名なレベッカ・ヘンダーソンとキム・クラークという学者が１９９０年に発表した「アーキテクチュラル・イノベーション（Architectural Innovation）」という論文に出てくる半導体露光装置メーカーの話を紹介しましょう。

半導体製造では、１９７０年代頃までは米国がトップを走っており、半導体露光装置に関しても米国企業のキャスパーがトップを走っていました。そのキャスパーに挑むように、日本のキヤノンが新しい露光装置をつくって提供するようになるのです。

露光装置とは、半導体のウエハーと呼ばれるシリコンの基板の上に、密接して回路のパターンを描く装置のことです。レンズを通して光を当て、基板に回路パターンを焼き付けるわけですから基本的には写真と同様の技術となり、登場する企業は、日本ではキヤノンやニコンといったカメラメーカーになります。

米国のキャスパーの露光方法は、直接基板に露光機械を押し当ててパターンを描く密着型露光というものでした。それに対してキヤノンは、非接触型露光という機械と基板を直接接しないよう、わずかに浮かせて回路パターンを焼き付ける方法を取りました。

機械と基板が接するか接しないか以外、部品レベルでの相違はまったくありません。使われている要素部品はまったく一緒ですが、この、機械を基板からわずかに浮かせて、それでいてズレないようにパターンを転写する技術には、大変な位置決め調整のノウハウが必要となるのです。個々の技術ではなく、部品と部品を組み合わせるアーキテクチャの知識と呼ばれる調整技術が必要な領域のものです。それをキヤノンが成し遂げ、非接触型露光による新しい半導体露光装置をつくったのです。

基板に接しないようにすると何がよいか。密着させてしまえば、機械と基板の間に埃などが入ってしまった場合、基板に傷がついて不良品になってしまうわけです。非接触型露光では、ウエハーに傷をつけるリスクが少なく不良率も下がって歩留まりも上がる、ということになってキヤノンの露光装置のほうが性能が良いとなりました。

これを機に、急速に日本メーカーは半導体の露光装置の分野で存在感を増し、これに合わせて日本のＮＥＣ、三菱電機、日立といった会社の半導体製造も増えていくのです。

この時期は、半導体が強い＝半導体メーカーが強い＋半導体製造装置メーカーも強いという垂直統合の時代でした。これは日本も米国も変わらず言えることでした。半導体の製造装置でキヤノンやニコンが存在感を増していった結果、米国のキャスパーは結果的につぶれてしまい、１９８０年代は日本の時代になりました。しかしその日本も、日米半導体協定を境に下降線をたどり、各国に後れを取る状態になっています。

現在マクロ的に見て、日本がトップでいる市場は、シリコンウエハーや一部の部材しか残っていません。エレクトロニクス産業では「完成品がだめなら部材や設備で生き残る」と部材や設備のビジネスに活路を求める風潮がありますが、こうした中間材メーカーも最終消費財メーカーとのつながりや近接性が重要かもしれません。

3 欧州のＥＶ対トヨタ自動車の全方位戦略

地球温暖化防止の風を受けて、欧州、中国を中心に自動車業界はいまＥＶが主流になろうとしています。トヨタ自動車は、もちろんＥＶも生産していますが、ハイブリッド車や燃料電池車、水素エンジン車などの開発も行う全方位戦略を取っています。トヨタ自動車の市場の見方を推察すると、以下のようだと筆者は考えます。

「グローバルという言葉どおりに世界を見渡した時、ヨーロッパのような脱石油が進んでいる国々にはＥＶが受け入られやすい環境が整っているが、日本や米国の中西部もそうだが他にも火力に頼っている新興国もあって、これらの国・地域では脱炭素という意味ではＥＶである必要がないし、そもそもＥＶに必要な電力供給のインフラが整っていない地域も多くある。特に世界でもっとも自動車を販売するトヨタは国内だけでなく、北米、中南米、欧州、アジアなどさまざまな地域でまんべんなく自動車を販売している。2位のフォルクスワーゲンは、売り上げの50％余りが中国で、ＥＶを積極的に推進する中国やヨーロッパの地域のビジネスがほとんどなのでＥＶに特化する戦略を考えることもできるが、電力インフラ事情の悪い市場も多く抱えるトヨタは同じようなわけにはいかない――」

　また、ヨーロッパの国々は、標準や規格などのルールをつくる際、技術的な妥当性を主眼にするのではなく、自国のメーカーや企業にいかに有利に働くかという観点で発言をします。ＥＶに関する議論でも、ＥＶは欧州メーカーにとってメリットがあるのでＥＶ寄りの発言をし、流れをつくってきました。

中国も同じです。中国は国産の自動車産業を世界レベルに引き上げたいと産業育成に注力をしてきました。しかし、従来の内燃機関の技術では日米欧に対抗できません。そのため、ＥＶという根本的に異なる新技術を用いることでゲームチェンジを図りたいのです。ですからヨーロッパにしても中国にしても、ＥＶを環境適応技術として推しているのは自国の産業育成や保護のためと言っても過言ではありません。

しかし、今日のＥＶは必ずしも環境に良いとは言えません。発電がクリーンエネルギーでなければ意味がありませんから、現在のところ、消耗品であるバッテリーの回収、リサイクル、処分などのめどが立っておらず、将来大量の廃棄バッテリーが生じた時の環境負荷を考えると、一概にＥＶが環境に良いとは言えないのです。

トヨタが全方位戦略を取る理由もここにあります。ＥＶだけがカーボンニュートラルの最適解ではない、という技術的に正しい主張をしているだけなのです。

にもかかわらず、日本は菅政権の頃からＥＶだけがあたかもカーボンニュートラルに資する技術であるかのように、ＥＶ推しをし始めています。トヨタ自動車の戦略も、次第にその流れの圧力に押されてきて、全方位を全面的には打ち出しにくくなってきた、というのが現状です。

自国政府も味方をしてくれないのであれば、トヨタがいくら正論を唱えていてもそれがなかなか社会に受け入れられないのはやむを得ないでしょう。

技術者が技術的に正しいことを言うだけではビジネスにならない、というのはメーカーの宿命ではあります。日本の技術者の多くは理系で技術論だけを学んできているので、ビジネス的見地・感覚を身につける訓練は疎かになってきた、という歴史があります。これが1つの大きな問題点なのです。

また、先ほども述べたように、今日の自動車には多数のＥＣＵ（車載コンピュータ）が搭載され、かつてとは比較にならないほど、自動車開発に半導体が欠かせなくなりました。半導体産業にとっても自動車はかつて以上に重要な市場になってきています。

一方、日本の自動車産業のライバルであるヨーロッパの自動車産業は、伝統的に日本製の自動車部品をできるだけ使わないという風潮があります。敵に塩を送りたくないからです。ヨーロッパ内で調達できるものはヨーロッパ内で、それがかなわない電装部品は日本ではなく韓国から、といった具合です。

おそらく半導体製品についても同様な動きになるでしょう。トヨタやホンダなど日本の自動車メーカー各社は、日本で先端半導体の研究開発を行うための共同研究組織、自動車用先端ＳｏＣ技術研究組合を設立しました。[22] 日本国内に半導体の製造企業が増えれば、必然的にこうした自動車産業との協業が増えるでしょうし、日本の自動車産業と半導体産業が互恵的に成長することも可能です。日本国内の半導体産業を育てることは、おのずと日本の自動車産業など他産業を育てることにもつながるのです。

4　1980年代に訪れた日本の成功体験

日本の成功体験について触れます。日本は、20世紀後半にエレクトロニクス産業の隆盛を体験します。

日本は戦後、日米安保条約の傘の下、極めて低いレベルで済んだ防衛費で浮いた予算を産業につぎ込み、政府が官民協力するかたちで産業育成に注力できた、という幸運に恵まれました。さらには、産業構造自体が護送船団方式という、銀行を中心とした企業グループによる株式の持ち合いによって構成されていたため、欧米のような短期的な収益性を求めるステークホルダーが少なかったことから、物言う株主に惑わされずに、長期的な視点での研究開発ができるという状況にあったわけです。

これらの要因に恵まれたおかげで、長期的な視点で優れた技術開発が行われ、それを製品の機能・性能として実装し、その優れた機能・性能が新たな機能的価値を生み出していったのです。当時は、その技術的優秀性が認められ、世界中の消費者に、ハイテク製品は日本製にかぎるというブランド価値を創造することに成功したのです。こうして１９８０年代、90年代まで、日本のエレクトロニクスは成功してきたのです。

とはいえ、日本の半導体応用製品は、こうした政府や銀行主導の産業政策とはかけ離れたところからスタートしているのです。

そもそも半導体というのは半分導体という意味で、鉄や銅などの電気を流す導体と、ガラスやゴムなどのような電気を通さない絶縁体の中間的の性質を持つ物質のことを言うのですが、その半導体に不純物をわずかに混ぜることで電気の流量をコントロールできるようになります。第1章でも触れましたが、この性質を応用して整流器や増幅器、スイッチができると発見したのが米国で、つくったものがダイオードでありトランジス

22　https://www.yomiuri.co.jp/economy/20231226-OYT1T50291/

タです。これが初期の半導体になります。

米国では当初、低周波の増幅くらいにしかトランジスタは使えないと思っていたのです。そこに、高周波用トランジスタをつくれば真空管ラジオよりも小型で寿命の長いラジオがつくれる、と目をつけたのが日本の東京通信工業、つまり現在のソニーなのです。

ソニーは当時、銀行グループにも入っておらず政府からのサポートが期待できるような会社でもありませんでした。それでも、トランジスタを使ってラジオをつくろうという話になったということです。

ソニーの創業は１９４６年で、当時すでにテープレコーダーの開発で音響メーカーとしての事業を軌道に乗せていました。

テープレコーダーの開発のため、多くの大卒エンジニアを入社させていたのですが、当時の日本企業は終身雇用が当然だったので、彼らを昇進させなければならない。しかしテープレコーダーしか事業のない会社に、それほどのポストは用意できません。そこで、何か新しい事業を始めなければならない、ということでラジオをつくろうということになります。しかし、単なるラジオではおもしろくない。やはり技術的に新しいものに取り組みたい、ということでトランジスタに目をつけたわけです。

トランジスタを用いると増幅器、アンプとも言いますが、電流を大きくすることができます。したがって、これをうまく使えば音を増幅してスピーカーを鳴らしたり、空中の弱い電波を取り出して増幅することでトランジスタラジオをつくることができます。

音は非常に低い周波数です。当時のトランジスタはこの低周波である音しか扱えず、だから低周波用のトラランジスタしか存在していませんでした。そのため、米国ではトランジスタでアンプを小型化して、補聴器などの用途を考えていました。一方、ラジオの電波は高周波のため、トランジスタラジオは非現実的と思われていました。

そのような状況のなかでソニーは、何とかして高周波用のトランジスタをつくれば、放送の電波をキャッチして増幅し、音に変えるというラジオができるのではないかと考えたのです。神奈川県厚木市にトランジスタの工場を建て、そこでトランジスタを量産してトランジスタラジオを世に出しました。これが、日本の半導体産業の始まりと言うことができます。

ソニーの成功に続いて、日本の多くの家電メーカーも半導体に目をつけて、ラジオやアンプ、テレビなどにトランジスタを応用した製品をつくるようになります。真空管を使わず半導体だけでつくられた製品を、当時はソリッドステートと呼び、半導体が使われていること自体が最先端商品の証しとなり、機能的な価値を生み出していたのです。

　その頃米国では、複数のトランジスタなどの半導体を組み合わせて１つのパッケージにする集積回路、ＩＣのアイデアが生まれました。複数の部品から１つの機能の回路をつくることをディスクリートと呼びますが、それを集積（Integrate）して１つのＩＣのなかに組み込んでしまうという、部品点数を減らして製造コストを引き下げるのがＩＣのアイデアでした。

　ＩＣのアイデアが世に出されると、今度はどのメーカーもＩＣをつくるようになります。最初はコンピュータや電卓などに多く採用されていましたが、次第に応用する製品が増えていきました。

　ソニーは、ラジオなどの高周波用のトランジスタとしては使い物にならない不良品のトランジスタを演算装置のスイッチとして利用し、ソバックスというオールトランジスタ製の電子計算機をつくって販売したことがあります。しかし、計算機能を集積化し、ＩＣにまとめた回路によってより小型化された電卓の開発に成功したシャープとカシオに市場を奪われました。シャープとカシオは電卓用半導体の開発競争でトップを走り、世界でもトップの電卓メーカーになっていったのです。

このように、少なからず日本のメーカーには、技術の開発により新たな製品をつくり、機能や性能が高まることによって価値を生み出すことで成功する、といった体験があったわけです。そのせいで、日本メーカーは、新しい技術を開発して機能・性能を高めることが成功への近道なのだという考えがこびりついてしまったということのようです。

5　半導体の外販ビジネス

ところで、ここまで述べてきた日本メーカーの半導体は、主に自社の完成品に組み込むための自社専用の部品として開発されてきました。トランジスタから半導体ビジネスを始めたソニーも１９８０年代までは、自社でつくった半導体は自社の製品に使うためだけに生産されていました。

現在の半導体メーカーは、例えば、携帯電話用のチップセットで有名な米国のクアルコムであれば、自社では携帯電話用の半導体の生産に特化して、最終製品である携帯電話はつくっていません（かつて携帯電話の自社開発を目指した時期はありましたが、その後京セラに事業を売却しています）。自社で開発した携帯電話用半導体は、半導体部品として顧客企業に販売され、アップルやサムスン電子といった携帯電話端末メーカーの携帯電話に実装されています。

現在ではこのような半導体を部品として他社に販売するというのは当たり前になっていますが、ソニーが初めて半導体を部品として外販したのは、イメージセンサーの事業でした。

現在のＣＭＯＳイメージセンサーの前の世代の技術、ＣＣＤは、世界で初の半導体による撮像素子でした。ＣＣＤは１９６０年代に米国のベル研究所が開発し、日本ではソニーが開発をリードしていました。

ＣＣＤ以前のソニーのビジネスにおいては、自社で開発した技術や部品は自社の製品のためにのみ使われていました。しかし、ＣＣＤのビジネスはまだまだ歩留まりが低く自社製品に搭載するＣＣＤの量産すらままならない頃から、部品の外販や相手先ブランド生産（ＯＥＭ）のビジネスを行っていました。

内製したデバイスを自社で使うのとは異なるビジネスの知恵、例えば、どのメーカーが使う時でも使いやすいような製品仕様にするとか、社内の需要よりも外販の顧客企業の需要を優先させるなどの外販ビジネスの知恵は、ＣＣＤ黎明期からソニーに蓄積された組織の能力でした。こうした外販ビジネスに注力したのも、半導体が規模の経済性が重要なビジネスだという認識があってこそだったのかもしれません。

６　デジタルの波が日本企業を呑み込む

話が少し飛びますが、２０００年代に、日本のエレクトロニクス産業の根底を揺るがす事態が訪れます。デジタル化です。日本はそれまで、アナログ的な技術の組み合わせによって機能・性能を発揮させていたのですが、デジタルになると、ほとんどの機能・性能がソフトウエアと半導体によって決まってしまうことになり、アナログ的な工夫の入り込む隙はなくなります。ソフトウエア開発というのは完全に固定費です。

例えばアナログでテレビをつくる場合、１００台つくるなら１００台分の部品が必要となりますが、ソフトウエアでは1個つくるのも１００個つくるのもコストは変わらないのです。そうであれば、数多くつくればつくるほど儲かるという規模の経済性が効きます。半導体も巨大な装置産業なので、やはり固定費の部分が大きく、数多くつくったほうが儲かる性質を持っているのです。

したがって、ソフトウエアとそれを実装する半導体がセットで市場競争の中心になるということは、とにかく数をたくさんつくってたくさん売ったところが1人勝ちする結果となるという、これが、デジタル時代のエレクトロニクス競争の様相になったのです。

１９８２年、ソニーはオランダのフィリップスとコンパクトディスクを共同開発しますが、70年代にはすでに「ＰＣＭオーディオプロセッサー」というアナログの音声をデジタルに変換して映像信号に変換し、ビデオカセットに記録するという録音装置をつくっています。ですからデジタルオーディオには、すでに70年代に挑戦していたことになります。

ただしその際に担当者は、創業者の井深大氏から「デジタルには手を出さないほうがいい。デジタルになると同じクオリティのものが大量に複製されるので、数を稼がなければ儲からなくなる。いままでのようには行かない」と言われたとされています。井深氏の助言どおり、２０００年代に入ると、数を売ることのできないメーカーは、次々に脱落していくという現象が起きてしまいました。

デジタル化は、新しい技術をつくればいたずらに数を追わなくても儲けることができる、という日本が得意としていたビジネスモデルをぶち壊すことになってしまったということです。

7 メモリ市場をめぐる日米の攻防と経済摩擦

コンピュータの分野では、一時的に情報を記憶しておくＤＲＡＭというＩＣを、当初はインテルなど米国の企業が先行してつくっていました。ＩＣになった半導体は、その用途によって２つの方向性があります。１つは記憶するもの。これがメモリＩＣで、もう１つは計算するもの。これがロジックＩＣです。

インテルも最初は記憶するメモリＩＣをつくっていたのですが、日本のＮＥＣなどがより安価で高性能のＤＲＡＭを市場に供給するようになると、インテルは次に不揮発性メモリという付加価値の高い製品を市場に投入して勝負するようになります。ＤＲＡＭは、１度電源を落とすと中に貯めた記憶がすべて消えてしまうメモリでした。その欠点を修正して、電源を落としてもデータが消えないようにしたのが不揮発性メモリです。

しかし、インテルの不揮発性メモリを追うように、東芝のエンジニアで「フラッシュメモリの父」とも呼ばれる舛岡富士雄氏が、いままでよりも安価で大量の記憶ができる不揮発性のメモリであるフラッシュメモリを開発します。結果、インテルはそのポジションを日本に奪われてしまい、メモリではなくロジックＩＣに方向を変えてＣＰＵの開発に進んでいったということです。

舛岡氏のフラッシュメモリ開発で特徴的なエピソードとして、営業職の経験がフラッシュメモリ開発のアイデアの源泉になったということが挙げられます。

舛岡氏は東北大を卒業した半導体エンジニアで、東芝で高性能メモリの開発を担当していました。しかし、自社の製品はとても性能が良いのにもかかわらず思うように売れていなかったのです。そこで、舛岡氏は、営業職を志願し、米国の顧客企業を回ったのです。

すると、顧客企業からは、性能はそれほど高くなくてよいのでとにかく大容量で安価な不揮発性メモリが欲しいというニーズを聞いたのでした。技術さえよければ売れるという神話が成り立たないことを営業職になったことで知ったのです。そしてＮＯＲ型フラッシュメモリという技術を開発し、１９８０年に特許を取得します。

理系はつくる人、文系は売る人という断絶があると、ビジネスはうまくいかない、素朴に優れた技術を開発するだけではだめだということに気づかされるエピソードです。

しかしながら、東芝の社内では舛岡氏の開発したフラッシュメモリはあまり高く評価されなかったそうです[23]。そのため舛岡氏は１９９４年に東芝を退社してしまいます。

また、フラッシュメモリの技術を正しく評価していなかった東芝は、１９９２年に韓国のサムスンにＮＡＮＤ型フラッシュメモリの技術を供与してしまいます。その結果、サムスンはフラッシュメモリ業界でトップのメーカーとなり、東芝はフラッシュメモリ事業を切り離して現在のキオクシアが設立され事業を手放してしまいました。

サムスンの成功には同社の思い切ったフラッシュメモリへの投資も功を奏していたと考えられますが、東芝に先見性があって、もっとしっかり投資をしていれば、東芝の半導体事業は大きく異なった様相になっていたかもしれません。

１９８０年代に入ると、日本は半導体や他のエレクトロニクス製品に加えて、米国の

23　https://diamond.jp/articles/-/129721

主要産業であった自動車分野でも日本車の対米輸出が急激に増加し、米国の対日貿易が赤字に転落する事態となります。その頃から米国は、日本がダンピングをしていると問題視するようになり、日米貿易摩擦が始まります。日本は米国の圧力に抵抗しました。日本の半導体は品質の良い製品を大量につくる技術力によって安価に大量に供給できているだけであって自由貿易の範疇の活動以外の何ものでもない、米国の主張するダンピングでは絶対ないと主張し返しました。

日米貿易摩擦は、いま考えても言いがかりとしか思えない状況でした。ハーバードビジネススクールのマイケル・ポーター教授もこう述べています。「徹底的に規模の経済性を追求してコストダウンを遂げ、マーケットを占有するコストリーダーシップ戦略を取っていただけなのに、当時の米国は二枚舌で、自国に有利な時には自由貿易を、自国に不利になると圧力をかけて輸出を制限するように主張した」

ちなみに、この日米貿易摩擦をじっと静かに見守っていたのが韓国だったのです。当時韓国も、日本ほどではないにしろ、同じような問題が起きていました。ただ、貿易額が小さかったことと自ら財閥企業の規制政策を行うなどして、米国の風当たりをかわし、問題となった半導体に米国が期待するような旨味がなくなったところで一気に攻勢に出て、残存者利益を獲得していったのです。

結局、政治的な決着として１９８６年に日米半導体協定を締結し、日本は米国の同意なく価格を決めたり数量を決めたりすることができなくなってしまいました。これまでのように、品質の良いものを大量につくって売ることができなくなったわけです。

日本の半導体は、１９８８年に世界シェアの51％を占めていましたが、この年を境に下降の一途をたどるようになりました。日米半導体協定が日本の半導体産業の戦略を大きく変えてしまうきっかけになったのは、間違いのない事実です。

8　装置産業がニッチ市場で生き残れるか

日本の半導体産業がおかしくなったのはこの協定からだと述べましたが、量産ができなくなったということで、コストリーダーシップ戦略によって勝つのではなく、製品の差異化に活路を見出そうと舵を切ります。

数を狙わずより高付加価値の製品で勝負しようとするわけですが、前述のように半導体は装置産業ですから、数をつくらなければどうやっても儲からないのです。しかも日本はＩＤＭ（Integrated Design Manufacturer）、垂直統合型企業なので、自社で開発も製造も行うというスタイルなのです。

結局、日本はニッチな市場に向けて特殊な半導体を細々とつくるようになっていきます。個別の企業ではなかなかうまく立ち行かなくなったので、メモリはエルピーダメモリという企業体にまとめて日の丸半導体会社になりました。

２０１０年にＮＥＣ、三菱、日立の半導体部門が合併してルネサスエレクトロニクスという名前になった会社は、車載用の半導体ではトップと言われていますが、これは単に日本の自動車産業が強く生産台数が多いという理由からだけで、Tech Insights が調べた２０２３年の全世界の半導体企業ランキングでは18位でしかないのです（図表５－１）。

２０２３年の世界の半導体企業ランキングではソニーが国内トップの17位につけ、その下にルネサスが18位、キオクシアが23位となっています。かつて51％のマーケットシェアを占め、１位から15位までを独占するほどの勢いだったことからすると、17位のソニーが日本の最高位とは寂しい思いがします。

図表5-1　世界半導体企業トップランキング比較

2023	2022	社名	所在地
1	2	TSMC（1）↑	台湾
2	3	インテル ↑	米国
3	8	エヌビディア（2）↑	米国
4	1	サムスン電子 ↓	韓国
5	4	クアルコム（2）↓	米国
6	6	ブロードコム（2）—	米国
7	5	SKハイニックス ↓	韓国
8	9	AMD（2）↑	米国
9	14	インフィニオン・テクノロジー ↑	EU
10	13	STマイクロエレクトロニクス ↑	EU
11	10	テキサス・インスツルメンツ（TI）↓	米国
12	12	アップル（2）—	米国
13	7	マイクロン・テクノロジー ↓	米国
14	11	メディアテック（2）↓	台湾
15	15	NXP —	EU
16	16	アナログ・デバイセズ —	米国
17	19	ソニーセミコンダクタソリューションズ ↑	日本
18	17	ルネサスエレクトロニクス ↓	日本
19	24	マイクロチップ・テクノロジー ↑	米国
20	21	オン・セミコンダクター ↑	米国
21	22	グローバルファウンドリーズ（1）↑	米国
22	20	UMC（1）↓	台湾
23	18	キオクシア ↓	日本
24	25	SMIC（1）↑	中国
25	23	ウエスタンデジタル ↓	米国

（注）(1) ファウンドリー、(2) ファブレス
（出所）Company reports, Techinsights　https://news.mynavi.jp/techplus/photo/article/20240111-2861120/images/001l.jpg

図表５－２は日本の半導体シェアの軌跡を追った経済産業省の資料です。右肩下がりに凋落が続いて、将来はゼロになってしまうのではないか、とまで言われているのです。先に紹介したソニーのＣＭＯＳイメージセンサーも、サムスンに急追を受けている非常に危ない状況ではあります。ソニーが思い切った投資を続けているからこそ何とか凌ぐことができていますが、やはり重要なのは、結局のところ数多くつくることしかないということです。先述しましたが、現社長の十時氏は、２０２３年3月までＣＦＯ（最高財務責任者）だった方で、半導体に思い切り投資をした方なのです。思い切り投資をした会社は、やはりしっかり儲かっているのです。

　半導体で、もう1つの方向があります。プロセス幅を狭くすればするほど最先端のチップになることは述べましたが、狭くすればするほど、細くすればするほど、下手をすれば焼き切れてしまうので、流せる電気は微細なものになります。それを逆手に取って、回路の線を太くし、大きな電流を流すことができるパワー半導体という大電流を制御する半導体の分野でトップを取ろうとしている動きもあります。しかしこれも、あくまでもニッチな戦略であることに変わりはありません。

　結局、いまはどこもニッチな半導体で生き残ろうとしているにすぎないのです。かつ

図表5-2　日本の凋落——日本の半導体産業の現状（国際的なシェアの低下）

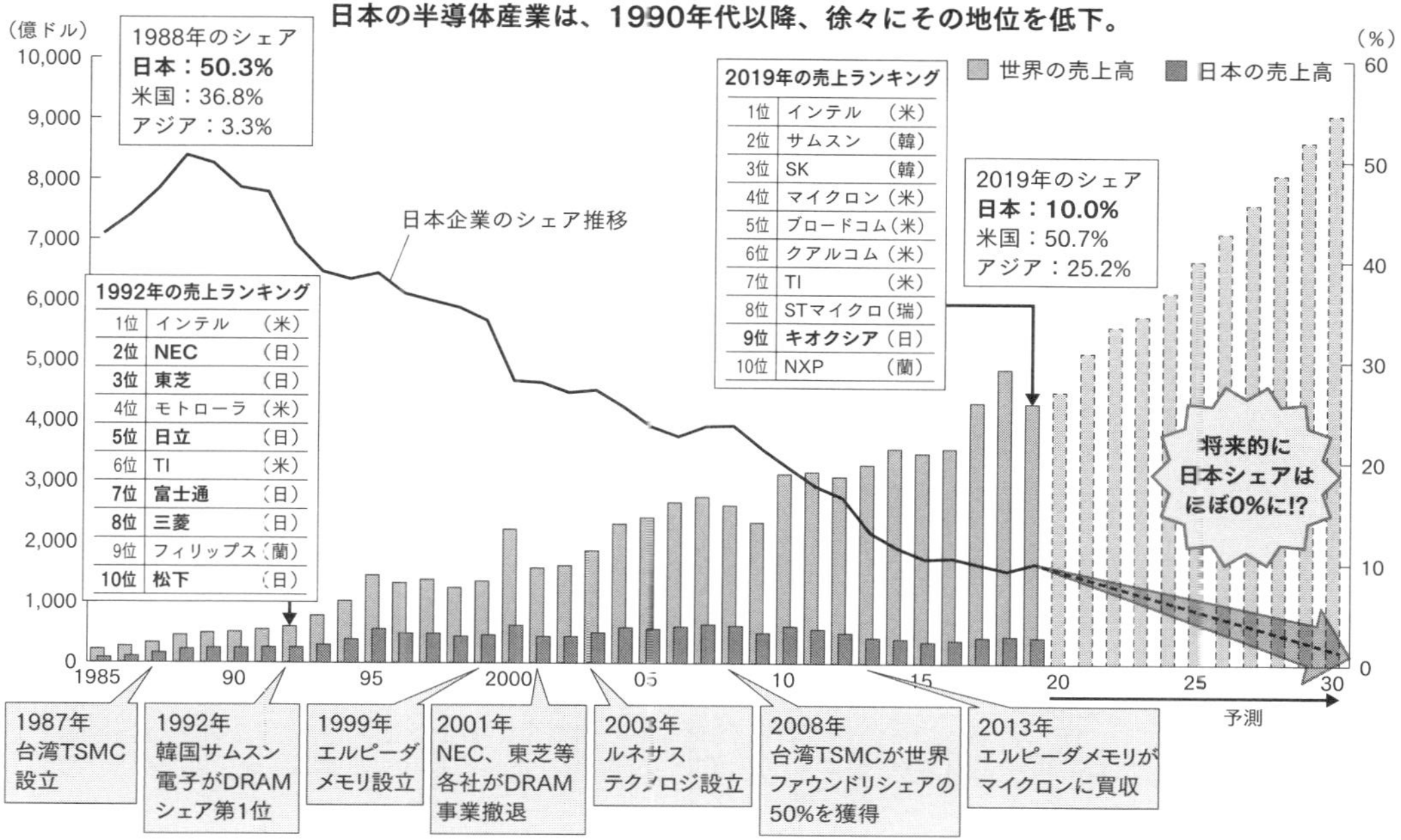

（出典）Omdiaのデータをもとに経済産業省作成

て味わったような半導体の栄光を目指している会社は、少なくともいまの日本には存在していない状況なのです。

前述のエルピーダメモリも、結果的に2013年には米国のマイクロンに買収されてしまいました。東芝から分離したフラッシュメモリのキオクシアという会社も、今後どこかに吸収合併される可能性があると言われている状況です。

第6章

数を追わないことの問題点

1 フラッシュメモリ——安価な半導体を大量にの発想

年々シェアを落としていく半導体製品のなかで、いまも存在感を示しているものが2つあります。先に紹介したキオクシアのフラッシュメモリと、ソニーのＣＭＯＳイメージセンサーです。キオクシアのフラッシュメモリは21％のシェアを持っていて、サムスン電子には後れを取っていますが大手の一角を占めています。

この2つの事業には共通点があります。両方とも数を追うことが鍵だ、というビジネス感覚をもとに始められたのです。

東芝のフラッシュメモリについては、先にも触れましたが、半導体のエンジニアだった舛岡富士雄氏が自社の高性能半導体はなぜ売れないのか疑問に思い、営業を志願して米国に売り込みに行きます。売り込み先で言われたことは、すぐに更新される高性能な半導体よりも、長期にわたって供給が保障される安価な半導体が大量に欲しいということだったのです。そう言われて、半導体は大量に安くつくらなければならないものと気づき、安くつくるための方法を考え尽くしてフラッシュメモリを完成させました。

フラッシュメモリの原理は少々複雑です。基本的にデジタルの回路は電圧が高いか低いかを0と1で表すのですが、それを情報として記憶するのがメモリになります。その0か1のデータを1つずつ消したり書いたりするとコストがかかるので、ブロック単位でデータをまとめ、そのブロックごとに処理してしまう、という方法を舛岡氏は考えたのです。

あるデータが完全に要らなくなった瞬間にそれをブロックごとすべて消すようにすれば、構造がよりシンプルになって安価な不揮発性メモリがつくれるのです。まとめてブロックをぱっと消すイメージをカメラのフラッシュにたとえ、フラッシュメモリという名前をつけました。この方法が、東芝をフラッシュメモリの大手メーカーに導いたわけです。

しかし、東芝の経営陣は、舛岡氏のフラッシュメモリの技術を正しく評価せず、投資も十分でなかったため、現在では後発のサムスンに大きく差をあけられてしまったのです。繰り返しになりますが、この時、この技術の可能性をしっかりと見極めて、大量に投資をしていれば、その後の東芝は違った道を歩んでいたかもしれないのです。

2 顧客は技術ではなく製品を買う

一方、ソニーは映像の会社でもあったので、もともと真空管を使っていたラジオやテレビを次々に半導体に置き換えていきます。ソニーでは、真空管使用の製品が最後に2つ残りました。1つはブラウン管で、もう1つはカメラに使用される撮像管という、絵を電気信号に変える装置です。サチコン管（撮像管）と呼ばれる比較的大きなものですが、この撮像管を半導体に置き換えられないか、という研究をしていました。

のちに4代目の社長になる岩間和夫氏が米国に行って研究し、「岩間レポート」というトランジスタの技術をまとめたものを日本に送って、そのレポートをもとにソニーは開発を成功させました。同時にこれが、日本の半導体産業を立ち上げるきっかけになりました。

それほど半導体の専門家だったエンジニアが4代目社長になったのですが、この岩間氏がある時、「5年以内に5万円のビデオカメラをつくる。そのための半導体センサーをつくろう」[24]と発令します。そしてできたセンサーが、現在のＣＭＯＳイメージセンサーにつながる１つ前のＣＣＤと言われる技術だったのです。

とはいえ、もちろん最初から５万円のカメラに実装できるような安いＣＣＤがつくれるわけもなく、十数万円の製品から始まりました。しかし、常にビジネスと価格を意識していた岩間氏は、とにかくモノをつくったらビジネスにしなければならないと指示を出して、開発部隊は一生懸命目指すＣＣＤの開発に取り組み、その間に岩間氏はできた製品の売り込みに回りました。

半導体になって変わる点は、製品が小さくなることです。まずはテレビ局に狙いをつけて売り込みに行ったのですが、当時のテレビ局では小さなカメラに興味を持ってもらえず、追い返されてしまいます。そこで、小さくなったカメラに利用価値を見出してくれるところと考えた結果、航空機の主脚に小型カメラを取り付けて離着陸時の光景を機内で見てもらう、というアイデアを思いついてＡＮＡに売り込みに行ったのです。

当初のＣＣＤはまだ高額だったのですが、少々高くても小さいことに利点を見つけて買ってもらえる相手は、とたどり着いたのが航空会社でした。採用を決め、「ビジネスを

24　ソニー広報センター（１９９６）『源流』

取ってきたぞ」と開発陣に報告しています。このように、新技術をビジネスに結びつける発想を怠らなかったのが岩間氏という人でした。

東芝の舛岡氏もソニーの岩間氏も、顧客は技術を買うのではなく製品を買うのだ、という当たり前の真理を理解し、半導体の性質を理解したうえで、安価に大量に販売することの重要性を知り尽くしていたリーダーだったのです。彼らと、その薫陶を受けて開発陣がつくった半導体は、長期にわたって競争優位を築いていけるのだと思われます。

3 性能が良いほうがいいに決まっているの嘘

東芝のフラッシュメモリとソニーのイメージセンサーのビジネスには、もう1つ面白い共通点があります。岩間氏が開発していた当初のイメージセンサーはＣＣＤと呼ばれる半導体でした。ＣＣＤとはCharge Coupled Device（電荷結合素子）の略です。一方、今日イメージセンサーと言えば、ＣＭＯＳイメージセンサーが主流です。こちらはComplementary Metal Oxide Semiconductor（相補性金属酸化膜半導体）の略です。

ビデオカメラやデジタルカメラ、スマートフォンなどかつてのカメラの撮像素子はＣＣＤが主流でしたが、今日では、ＣＭＯＳに置き換わっています。これはＣＣＤよりもＣＭＯＳのほうが性能が良いという単純な話ではありません。

何度も繰り返しますが、今日の半導体ビジネスはたくさん安くつくることが重要になります。ＣＣＤとＣＭＯＳの技術的な違いは、ＣＣＤがすべての画素の信号を１つの増幅器でまとめて増幅するのに対して、ＣＭＯＳは一つひとつの画素に対して、一つひとつ増幅器が設けられている点です。

同じ増幅器でも一つひとつ微妙に性能差があるため、ＣＭＯＳでは増幅器の性能のばらつきがノイズとして画質に影響を与えます。そのためノイズキャンセラーでノイズを消去する必要があります。

イメージセンサーの画質はこの技術差だけで決まるものではないので、現在のＣＭＯＳイメージセンサーはとても高画質なのですが、原理的に言えば、ＣＭＯＳよりもＣＣＤのほうが画質が良いという傾向があります。しかし、製造コストが安いのがＣＭＯＳの特徴です。

つまり、舛岡氏のフラッシュメモリと同様に、性能は落ちるけれども安価に大量につくることができる技術、それがＣＭＯＳイメージセンサーで、安いという理由で、イメージセンサーはＣＣＤからＣＭＯＳに置き換わっていったのです。現在でも、特殊用途の高画質が求められるカメラにはＣＣＤが使われています。

性能的には劣るけれども大量に安価につくることができる製品のほうが普及するということは、エレクトロニクス産業ではしばしば起こってきたことです。

ベータ対ＶＨＳのビデオ戦争で、ソニーのベータ方式が劣勢になったのは、ＶＨＳ陣営は参入メーカーが多かったということが知られていますが、参入メーカーが多かった理由につくりやすさもありました。

ベータ方式はＵ型ローディングという、メカデッキがテープを大きくカセットから引き出して、円形の回転ヘッドに大きく巻き付けるという複雑な機構技術を必要とするメカを採用していました。一方、後発のＶＨＳは、Ｍ型ローディングという画質を犠牲にする半面、メカがシンプルになりつくりやすい方式が採用されていました。この性能よりもつくりやすさというＶＨＳの特徴も、ＶＨＳファミリーを増やした要因とされています。

また、液晶技術で成長したシャープは、「世界の亀山モデル」のキャッチフレーズで知られた三重県亀山の液晶テレビ工場に加えて、２００９年に大阪府堺に巨大な液晶コンビナートを建設しました。家電メーカーとしては中堅規模であったシャープでは、堺の液晶パネルの生産能力は自社のテレビ事業よりも非常に大きなもので、外販に注力することが期待されていました。

しかし、シャープのパネル外販ビジネスはうまくいきませんでした。シャープのパネル外販ビジネスの失敗も複合的な要因によるものなのですが、その１つに性能を重視しすぎたパネル技術が他メーカーには使いにくかったということも挙げられます。

シャープは液晶技術のリーディングカンパニーとして、さまざまな新しい技術を開発し、自社のパネルに搭載してきました。シャープが自社の液晶テレビのためだけにこれらのユニークな技術を開発し、実装することは問題ないのです。しかし、液晶パネルの外販ビジネスを見ると、大量のパネルを調達するテレビメーカーは、いろいろなパネルメーカーからパネルを調達しています。

この時、パネルメーカーに合わせてテレビの設計を変更するのは、テレビメーカーにとって面倒な話です。ですから、Ａ社のパネルだろうとＢ社のパネルだろうと、モジュール的に入れ替えるだけで使うことができる、標準的なパネルのほうがパネルの顧客メーカーにとっては使い勝手が良いということになります。

シャープのパネルは高性能なのですが、シャープ独自の技術が入りすぎるため、「非」標準なパネル部品になってしまい、他の顧客メーカーからは敬遠されることになったのです。

このように、性能が良ければ必ず売れる、儲かる、というのは必ずしも正しくはないのです。特にデジタル化が進み、さまざまなデバイスを分業して外販していく今日のエレクトロニクス産業では、標準的で安価で大量に安定的につくることができるデバイスが望まれています。

4 オープンイノベーションの意味

東芝とソニーの例を見ても、やはり半導体を技術の問題に矮小化してはだめだという話なのですが、日本はいまだに技術的な成功体験を引きずっているのか、あるいは日米半導体協定の呪縛から解き放されないのか、「いたずらに数を追わずに技術で差をつける」という意識が当然のような商品開発戦略に陥っています。

20世紀まではそれで通用したでしょう。当時、日本には10社ほどの総合家電メーカーがひしめいていて、いずれも金太郎飴のように同じような製品を揃え、それぞれが少しずつの工夫でシェアを分け合っても何とか利益を出すことができました。それが可能だったのは、アナログの時代だったからです。

21世紀は、デジタルと国際的な標準化の時代なのです。大きな固定費である半導体とソフトウエアで勝負が決まるため、1位の企業の総取りになっていきます。下位のメーカーは次々に市場から弾き出されてしまうのです。NEC、三菱電機、日立製作所の例に見るように、家電部門は市場を失ってしまいました。結局のところ、規模こそが重要であって、技術だけを追っても何ともならないのです。

日本の20世紀は、自社のなかに技術を囲い込み、その技術をもって優位を築くことが成功の鍵でした。それが最近は、オープンイノベーションだと言って次々に外部と手を組もうとするように変わりました。しかし、そもそも何のためにオープンイノベーションをするのかを理解して取り組んでいるところは、少ないように思われます。

オープンイノベーションの要諦は、規模の経済性が効くことです。自社で使う分だけの半導体をつくっていては、低価格の実現はできない。他社と共通で使えるようにすることによって数の経済性が生き、低価格が可能になるという発想です。

デジタル化された製品では、製品の機能・性能がソフトウエアによって実現し、そうしたソフトウエアは半導体に実装される形で製品に組み込まれるという特徴があります。何度も述べるように、ソフトウエアの開発は固定費であり、開発したソフトウエアを1つの製品に実装しても100万の製品に実装しても、費用総額は変わりません。また、これも何度も繰り返しますが、半導体も巨大な装置産業であるので、規模の経済性が強く働く特性を持ちます。

そうなると、必然的に同じ製品を多くつくって売った企業が儲かり、そこそこの数をつくって売る20世紀型企業は淘汰されていく結果となります。

1つのメーカーが、自社で開発したソフトウエアや半導体をより大量につくり、より規模の経済性を働かせたいと考えるのであれば、自社で使用する以上の数の製品をつくって他に供給すればよいのです。つまり、外販化を進めればよいということです。外販化が進むと、同じ市場でライバル社同士が同じ部品を使う、部品レベルの協調が起きることになります。

例えば、スマートフォン市場でアップルとサムスンは競合関係なのですが、メモリやカメラモジュールはアップルがサムスン製品を使う場合もあります。また、スマートフォンの基本的なチップセットをつくるクアルコムや台湾のメディアテックは、電話としての基本機能分を製作し、製品としての差異化は各メーカーに任せるというかたちを取っているので、クアルコムのチップセットは、アップルでもサムスンでも使われています。

クアルコムのような事業形態を取ると、同じ半導体を複数の会社向けにつくることになるので、非常に大規模な数の半導体生産ができるようになります。それほどの数をつくらないとビジネスにならないのが半導体事業なのです。自社の分にかぎらず、関係するできるだけ多くの企業、ときには敵の分までつくって初めて儲かる、というのが半導体ビジネスの特徴です。

5 顧客の使い勝手を考えれば標準化

前節のように、とにかく競争の枠を越えて大量につくった製品に価値が宿るのが、現在の市場です。外販化が市場での価値を高める有力な方法ではあるのですが、外販化を進めるためには標準化が必要となります。当然のことながら、どこのメーカーでも同じように使える部品や製品は、使い手にとって便利だからです。

この標準化という考えが、日本人には苦手のようです。少量でも部品レベルでも、日本人はすぐに差異化に走ろうとします。

半導体と同様の特性があるものとして、大きな設備投資を伴う太陽光パネルや液晶パネル、プラズマパネルがあたります。

パナソニックやシャープが2000年代の半ばに経営不振に陥った1つの理由が、プラズマテレビや液晶パネルの生産への過剰投資にありました。国内だけではなく海外メーカーへの外販ももくろんで大量につくったパネルが、案に相違して外販は伸び悩み、結果として過剰投資になってしまったということです。

数を多くして安価なパネルをつくろうとする戦略自体は正しかったと思います。しかし、日本メーカーの悪い癖で、標準化よりも自社にしかつくれないパネルをつくろうとしすぎてしまった点が敗因のひとつと言えます。

自社のテレビには搭載しやすいパネルであっても、他社のテレビに搭載しようとすると、独自の差異化部分が多くあって使いにくい非標準のパネルになってしまうのです。シャープやパナソニックのパネルを使おうと思っても、使うためにはそのパネル専用の回路を設計しなければならないとなれば、労力もかかるし費用も余分にかかる。それに対して、標準的な仕様の韓国や台湾、中国のパネルは、設計変更をしなくても使えるようになっている。それならば、わざわざ使いにくいシャープやパナソニックのパネルなど要らない、という話になるわけです。

最近、旧東芝系の映像メーカーが出したＲＥＧＺＡ〈レグザ〉という液晶テレビが、比較的高いシェアを取っています。もともと東芝時代からパネル工場を持っておらず、パネルメーカーを呼び付け買いたたいて得たパネルでテレビを生産していました。

パネルメーカー各社は少し値が張るけれど性能は保証するとして自社製品の採用を促します。すると東芝は、東芝の映像技術でパネルの補正は可能だから性能は問わない。

東芝が欲しいのは一番安い値段だ、と価格を優先したのです。ＲＥＧＺＡは東芝時代からデジタル化したテレビ市場の立ち振る舞いを知っていて、今日の高シェアにつながっているのでしょう。

これがデジタル時代の論理なのです。機能で差をつけるより標準化されたものを数多くつくって安価で提供する、それが顧客も求めるデジタル化したエレクトロニクスなのです。もはや、我が社にしかないというフレーズは、むしろ非標準で使いにくいということをアピールしているようなものになりました。

日本のメーカーは、20世紀の成功体験から、技術的に差異のないものは日本のつくるものではない、安く大量は日本のやるべきことではない、と自己暗示をかけてしまったようです。そうしているうちに、世の中に本当に必要とされている製品をつくらなくなり、世界の市場で負けが込むという現状につながってしまったのです。

6 技術流出かオープンイノベーションか

20世紀の日本のエレクトロニクス産業成長の原動力となった垂直統合モデルですが、2000年代半ば以降はさすがにこのままではいけないということが各メーカーでも議論されるようになり、次第にオープンイノベーションということが叫ばれるようになりました。

オープンイノベーションには2つの意味があります。1つは、自社の持つ技術や能力を他社に提供するという外向きのオープン化、もう1つは、外部の技術や能力を自社に取り込む内向きのオープン化です。いずれにしても社内の技術や情報を外部に開示して、ともするとこれまで競合であった企業と一緒にイノベーションを起こそうというものです。

競争優位の源泉は本質的には差異化にあります。また、戦略の目標は独占です。他社のいない市場を目指すか、他社の持っていない技術や能力を囲い込むことで他社の追随を許さないか、いずれにしても差異化を図ることで、独占を目指すのが戦略の本来のあり方です。

つまりオープン化とかオープンイノベーションというのは、戦略の例外的なやり方ということなのです。では、どのような時にその例外を用いるかと言うと、1つは、本書で何度も述べている規模を拡大したい場合。1社だけでは規模の経済性が満たせないような場合に他社の協力を求めるというものです（技術の応用範囲を広げるという意味で「範囲の経済性」という概念もオープンイノベーション推進の要因として挙げられるのですが、本書では割愛します）。

また、こうした技術のオープン化は、ネットワーク外部性の便益が大きい場合ほど重要になります。ネットワーク外部性の便益とは、ある製品の価値が、製品の機能性能によって決まるのではなく、その製品の顧客の数によって決まるようなネットワークを形成する製品特有の現象です。

例えば、携帯電話は通信ネットワークに接続する製品ですが、つながる相手が少なければ意味を持ちません。通話したい相手がたくさんいて、つながるからこそ携帯電話は初めて価値を持つのです。あるいは、どんなに性能の良いゲーム機でも、ユーザー数が少なく、ソフトウエアのタイトルも少なければ、楽しくはないですよね。

このように、製品の持つ機能や性能ではなく、製品のユーザーのネットワークの規模が大きいほど製品の価値が高くなるようなことを、ネットワーク外部性の便益と言います。ネットワーク外部性の便益はネットワーク効果とも言いますが、ネットワーク効果が高いほど、ユーザーネットワークを大きくするために、自社の技術を積極的に外部にも提供して技術を標準化します。

このように規模の経済性が効いたり、ネットワーク効果がある場合、自社の技術を競合企業にも提供するようなオープン化が盛んに行われます。また、技術の提供を受ける企業も、自社でわざわざ開発するよりも、既存の規格に乗っかるほうがメリットがあると思えば、オープンイノベーションを受け入れるのです。

先に述べたように、競争優位の源泉は本来、自社で技術や能力を囲い込むことですから、なにをオープンにするかは、企業に慎重な判断が求められます。しかし、日本企業のオープンイノベーションにかかわる活動を見ていると、欧米に甘く、アジアに厳しい、ある種のアンコンシャス・バイアス（無意識の偏見）があるように思えます。

どういうことかと言うと、日本企業は欧米の企業と組む、すなわち欧米の企業とオープンイノベーションを行う時には抵抗感がないのですが、提携先が、中国、韓国、台湾などアジアの企業になると「技術流出の懸念」と言って二の足を踏むことが多いように思えるのです。

筆者は技術経営研究者として新聞やテレビの取材でコメントを求められることが多いのですが、日本企業にアジアの企業との間で合併や提携の話が出ると、「技術流出の懸念」について聞かれることが多く、反対に相手が欧米企業だとほとんど聞かれることがありません。水は高いところから低いところにしか流れませんので、「技術流出の懸念」の背景には、日本のほうがアジア諸国よりも常に技術的に上位にあるという暗黙の前提が置かれているように思えます。

考えてみれば、ラピダスにも米国のＩＢＭやベルギーのｉｍｅｃなど欧米の企業や組織との提携の話は出てきますが、生産技術について日本よりも多くの経験を持っている韓国や台湾の企業の名前が出てくることはありません。印象だけでアジアの企業との連携を排除していなければいいのですが、もはやさまざまな技術分野で韓国や台湾の企業のほうが技術的に優れているという話は多くあります。

筆者は岐阜のある金型メーカーさんに大学のゼミ生と一緒に話を聞きに行ったことがあります。そこでは、韓国出身のエンジニアが先端技術の開発で活躍しているとのことでした。そのメーカーの会長が語った「かつては教える側だったが、いまは教えられる側になっている」という言葉が印象的でした。

また、ＴＳＭＣの日本進出に際して、台湾のメディアでは「日本への技術流出の懸念」を報じたところもありました。いつまでも日本の方が上だという驕りは禁物です。

第7章

日米半導体摩擦を静かに見守っていた韓国の戦略

1 日米半導体摩擦を参考にした韓国の立ち回り方

日本が日米半導体協定を結ばざるを得なくなった一番の理由は、DRAMのダンピング問題ですが、1980年代に入って日本の次にDRAMを大量につくるようになったのがサムスン電子やSKハイニックス（もともとはヒュンダイ）などの韓国企業です。結論から言えば、韓国は漁夫の利を得て日本の市場を奪うことができたともいえます。しかも、安価で付加価値の少ない製品となった現在でも、韓国はDRAM市場で残存者利益を得ています。

ただし、タイミングだけが韓国の成功の要因ではありません。サムスンやSKハイニックスといった企業の経営者が必要な時に大規模で迅速な投資の意思決定をきちんと行ったことが、付加価値の少ない半導体製品でも規模の経済性を働かせて収益化できるビジネスにつなげたのです。

日本の半導体企業の事業担当者に話を聞くと、そうした迅速さや大胆さが日本のメーカーには欠けていたように思えます。日立の半導体事業担当者は、大きな投資の意思決定を迅速に行わないといけないのが半導体産業の特性であるにもかかわらず、決裁は日立全社の経営会議で意思決定をしなければならず、他の分野のような慎重でゆっくりとした議論のなかで検討がなされ、思い切った投資もできずにみすみすチャンスを失い続けたと言っていました。

また、東芝の半導体開発のマネジャーは、サムスンのフラッシュメモリに勝つためには大きな投資が必要だけれども、それがなかなかできない。つぶれそうな銀行を救済するために巨額の資金を政府が投入したことがあるが、その資金を全部半導体に回してくれれば、もっと大きなリターンを返すことができるのに、と悔しがっていました。

タイミングが巡り合うだけでは事業は成功しないわけですから、韓国はタイミングが良かったと言えますが、それだけでなく、迅速で大胆な経営判断ができたことが成功につながっていたのです。

韓国と米国の間でも半導体に関する貿易摩擦がなかったわけではないのですが、韓国は日米摩擦をじっと観察して日本から学習したのです。そして、何をすれば米国を決定的に怒らせるかがわかっていたのでうまく立ち回り、その結果、米国は日本に対するほど韓国にはドラスティックな態度を取ることはありませんでした。

その理由の１つとして、タイミングの問題が挙げられます。韓国のＤＲＡＭメーカーが伸長した頃には、ＤＲＡＭはもはや最先端ではなく、米国にとっても旨味のある半導体ではなくなっていたということがあります。そういう事情もあって、この頃に、インテルはメモリＩＣ事業から撤退してロジックＩＣに移っていきました。

もう１つの理由として、韓国は日米半導体交渉の行方をしっかり見守り、事前に官民共同で対策を立てていたことが指摘できます。

当時韓国では民主化が進んでいて、その流れで財閥企業に対する規制をかけるような政策を取っていました。この動きを傍から見れば、韓国政府は自国の企業を抑えようとしているように見えたのです。こうして、韓国は自主的にダンピングをしないような政策を行っていると米国に見せることで、日本ほど追及が厳しいものにならずに済んだのです。

韓国はその後、もはや大量に半導体をつくっても米国の逆鱗《げきりん》に触れず、なおかつ半導体市場での日本の復活は難しそうだというタイミングで、一気に投資をして急速に業績を伸ばしました。これが、現在につながるメモリを中心とした韓国の半導体事業なのです。

2 新興国市場に狙いをつけた韓国の戦略

韓国を代表するエレクトロニクス企業のサムスンと日本企業を比べて見てみると、太平洋戦争で戦った米国と日本の姿が浮かんできてしまいます。物量作戦を展開するサムスンに対して、竹槍ならぬ細々とした技術を糧に戦いを挑む日本という構図です。

サムスンはもともと魚や野菜、果物を輸出する貿易の会社でしたが、１９６８年に三洋電機との合弁で家電産業に進出、ＮＥＣとも合弁事業を始めます。これは日韓国交正常化を境に、日本の韓国への経済支援の一環として民間からも協力することになり、ＮＥＣが白黒テレビの技術をサムスンに供与したということが経緯となっています。

当時の日本メーカーは、とにかく技術の最先端を行くことに躍起になっていましたから、白黒テレビなど古い技術だと切り捨ててカラーテレビの開発ばかりに目を向けます。しかし、カラーテレビのような最新製品はやはり値が張りますから、経済的に豊かな先進国でしか売れません。

その間に、白黒テレビの技術を供与されたサムスンは、先進国メーカーが重視していなかった中南米やアジアなどの新興国マーケットで大量に白黒テレビを販売し、莫大な利益を上げたのです。

この戦略のメリットは2つあります。1つは、敵のいない市場でのビジネスですから、すでに古くなった技術であっても需要は大きく、その結果、大きな商売につなげることができたことです。米国も日本もカラーテレビにばかり執着していたため、日本と欧米にしかビジネスのマーケットがなかったのです。その間隙を突いてまんまとビジネスにつなげたのがサムスンでした。これはニッカド電池から事業を始めた中国BYDと非常によく似ています。

もう1つは、現在の状況から見て、サムスンが開拓した市場は、中国やインドを含めて、後に急成長を遂げるマーケットなのです。したがって、そうした国や地域に、早くからハイテク企業のブランドとしてサムスンの名前を擦り込んでおくことができたということです。インドなどではいまや、パナソニックよりもサムスンの名前のほうが、はるかに有名です。

余談ですが、東大で工学博士号を取った後にパナソニックに就職したインド人エンジニアについて次のような話を聞いたことがあります。

彼は日本での生活が長かったので、本人にしてみればパナソニックに就職できたことを非常に誇らしく思っていました。東大で博士号を取って、日本で一番の電機メーカーに就職したという思いを胸に母国に帰ります。そして、そのことを息子に自慢げに話をしたとたん、案に相違して息子は泣き出してしまったのです。

息子いわく「お父さんは日本で一番の大学で博士号を取ったのに、なんであんな自転車のランプの電池しかつくっていないような小さな会社に入ったの」と。それほどパナソニックの存在感など、インドではありません。インド人にとっての先進的なハイテクメーカーと言えば断然サムスンで、それは白黒テレビの時代から形成されてきたイメージなのです。

3　連続投資で大量販売モデルを確立した韓国

次にサムスンが手を付けたのは、DRAMでした。サムスンが半導体に進出したのは、1974年に韓国初の半導体企業である韓国半導体を買収した頃にさかのぼります。その後１９７０年代はＬＥＤ腕時計用のＩＣなどの製造を行っていましたが、83年にＤＲＡＭの事業に参入します。サムスンは白黒テレビで得た莫大な収益をもとにして、韓国政府の支援を受けながらＤＲＡＭに特化した開発・製造に大規模な投資を行い、大量に安価なＤＲＡＭを世界に向けて販売しました。

１９８０年代に入ると、日本同様に韓国の半導体への米国からの圧力が強くなってきたため、韓国政府の支援は小さくなりましたが、サムスンは自力でＤＲＡＭの開発製造を続け、１９９２年にはＤＲＡＭ市場トップシェアを獲得しました。さらには、大量に安価なＤＲＡＭの販売で得た収益を、今度は東芝から普及のためだとしてサムスンに技術供与されていたフラッシュメモリの技術の研究開発と設備に大規模投資を行います。本家本元の東芝以上の生産と販売を繰り広げた結果、次第に東芝を抜いてしまいました。

白黒テレビで得た莫大な利益をＤＲＡＭにつぎ込み、ＤＲＡＭで莫大な利益を得ると今度はフラッシュメモリに投資する。フラッシュメモリで上げた収益を次には液晶パネルに大量に投資する。液晶パネルの次はスマートフォンの開発に注ぎ込む、といったかたちの物量戦略で次々に新規事業に莫大な研究開発投資や設備投資を行い、大量販売モデルを繰り返してきたのがサムスンなのです。

世界で一番数をつくることにこだわる企業がサムスンであり、その戦略によって新規事業の研究開発費と設備投資を賄っているのです。

一方日本の場合は、常に革新的なアイデアと技術を追い求めることに主眼を置いてきました。新しい技術を開発するがビジネスとしては成功しなかったとなれば、次はより優れた技術で挑戦するしかないと思い込んでしまうのです。

日本企業は、常に新しいものを求め続ける結果、いまある既存技術を捨ててしまう、もしくは軽視する傾向があります。しかし、新しい技術で巻き返すと言っても、巻き返すためには研究開発費や設備投資が必要なのです。研究開発費や設備投資はどこから出てくるかと言えば、いま行っている事業からなのです。いまある技術をビジネスに仕上げて収益を出さなければ、次の技術など開発できるはずないのです。

どんなに優れた技術の芽があったとしても、十分な投資を伴わなければ、研究室レベルで成功するだけで、グローバルなビジネスでは物量の前に惨敗するだけです。先に竹槍で米軍と戦う日本の姿と言ったのは、まさにこの部分です。

今回はだめでも次で巻き返すというのは、裏付けのない精神論です。論理的に考えれば、投資する原資もないのに次の技術などあるわけがないのです。これを繰り返しているところが、いまの日本の最大の問題ではないでしょうか。

4 繰り返される日本の失敗

日本のDRAMビジネスやフラッシュメモリビジネスは、サムスンの規模の経済性の前に敗れました。しかし、これは半導体産業だけの特殊事例ではなく、ある意味日本の負けパターンになっています。これまでも見てきた通り、日本のエレクトロニクス産業では多くの事業で、日本発の技術が量産のタイミングで中国、韓国、台湾などの他国の企業に追い越されるということが起きてきました。

例えば太陽光パネルの原理は19世紀に米国で開発をされた技術ですが、日本では1954年にNECが単結晶シリコン太陽電池を開発、58年には太陽光発電システムが完成、70年代以降は多くの日本メーカーが太陽光パネルの開発製造を手掛け、富士電機、三洋電機、カネカ、京セラなど多くの企業がこぞって太陽光パネルを販売していました。しかし、現在の太陽光パネル出荷上位9社は、いずれも中国企業です。

日経クロステックの記事によると、「1位は、農業や新エネルギーを主力事業とする中国・通威集団傘下のシリコン系太陽電池メーカーである通威太陽能（Tongwei Solar）でシェアは14％。2位は中国ＪＡソーラー（JA Solar）、3位は中国のアイコ・ソーラー・エナジー（Aiko Solar・愛旭太陽能科技）、4位は中国・隆基緑能科技（Longi）、そして、5位は中国・晶科能源（Jinko Solar）と、相変わらず中国メーカーがトップ5を独占」していて、「上位5社だけでなく6位から9位も中国メーカーが占めており、ようやく10位にCdTe（テルル化カドミウム）型化合物系太陽光パネルの供給では世界トップの米ファースト・ソーラーが食い込んだ」とのことです（図表7－1）。[25]

また、１９７０年の大阪万博出展を取りやめて奈良の天理市にテレビ用大型液晶パネル開発のための研究所を設置し、長年液晶パネルの研究と製品への応用に積極的だったシャープは、２０００年代初めには大型パネル大手4社（サムスン、ＬＧ、シャープ、奇美）の一角に入っていましたが、現在では韓国、中国、台湾のメーカーに押されて存在感を失っています（図表7－2）。２０２０年3月31日の日本経済新聞の記事は、日

25 https://xtech.nikkei.com/atcl/nxt/column/18/02443/060200004/?P=2

図表7-1　太陽光パネルの2022年世界シェア

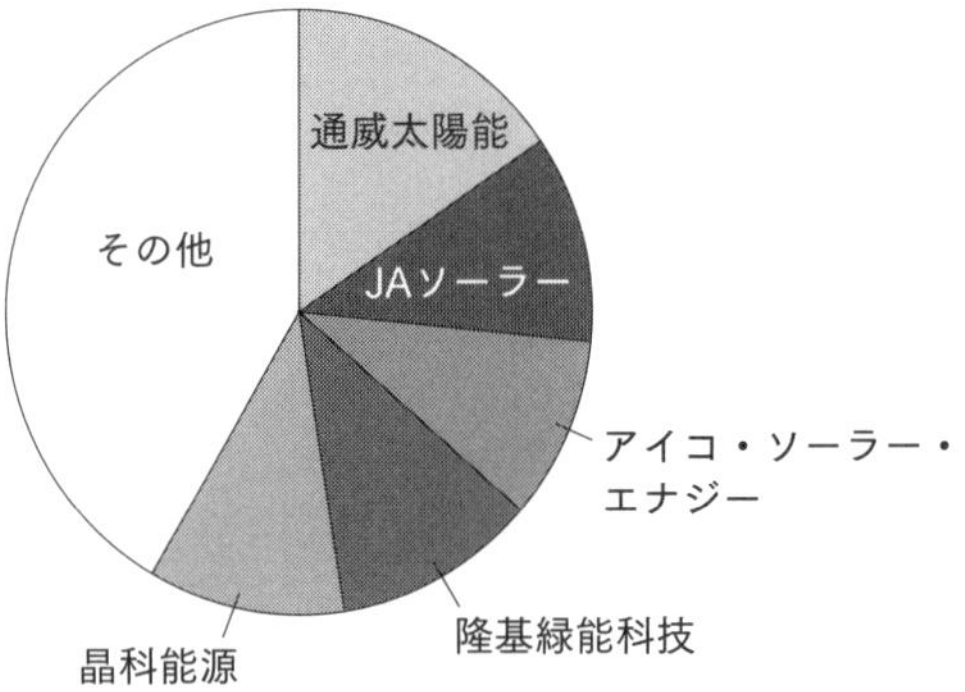

（出所）https://xtech.nikkei.com/atcl/nxt/column/18/02443/060200004/?P=2

図表7-2　大型液晶パネルの2019年世界シェア

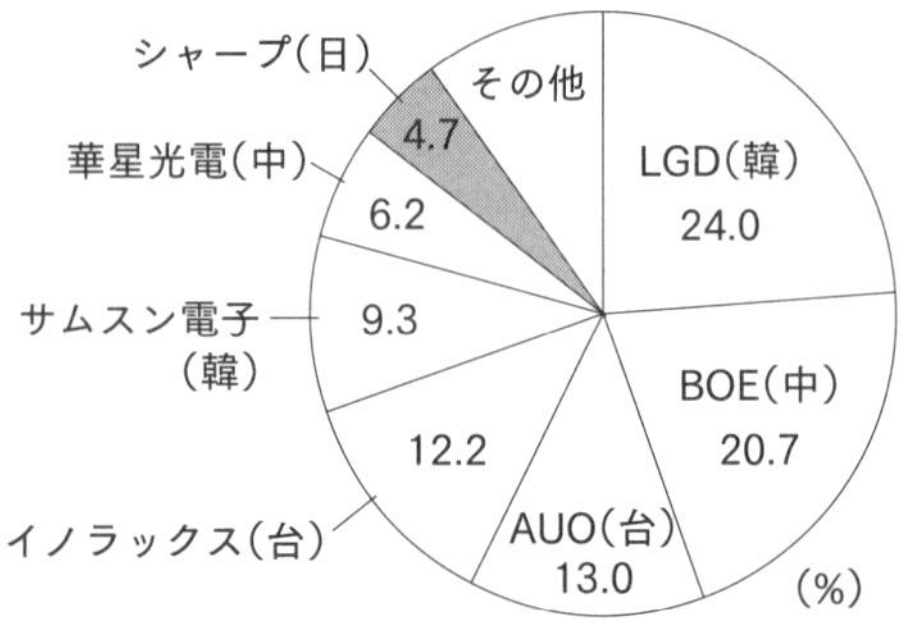

（出所）英インフォーマ　https://www.nikkei.com/article/DGXMZO57487760R30C20A3TJ1000/

本企業の液晶パネル事業後退について次のような分析をしています。

「１９７０年代にシャープが世界で初めて電卓の表示装置として液晶パネルを採用。その用途をパソコンやテレビへと広げながらシャープはじめパナソニックや東芝、日立製作所、ソニーら日本の電機産業が同分野の主役であり続けた。一時は10社超が液晶パネルを手掛け、90年代後半までは世界シェアの大半を握っていた。

だが液晶パネルの高精細化・大型化に伴い生産設備の費用も増加した。パネル市況の振れ幅も大きく、機動的な経営判断で巨額の設備投資を決断した韓国や台湾メーカーが２０００年代半ばには主導権を握り始めた。

そこにリーマン・ショック後の景気低迷が直撃。日本の電機大手は液晶パネル事業でも巨額の赤字を計上し相次ぎ撤退した。シャープは16年から台湾の鴻海（ホンハイ）精密工業の傘下で経営再建を進めており、日立製作所、東芝、ソニーの事業統合で12年に発足したジャパンディスプレイ（ＪＤＩ）も経営危機に陥った。

液晶パネルの設備投資額はさらに増大。政府の支援を受けて相次いで参入した中国勢が液晶テレビ向けでは台湾や韓国勢と遜色のない品質の製品を提供できるようになってきた。日本勢を駆逐した台湾や韓国メーカーも劣勢を強いられている。

図表7-3　EV用バッテリーの2022年世界シェア（1〜11月）

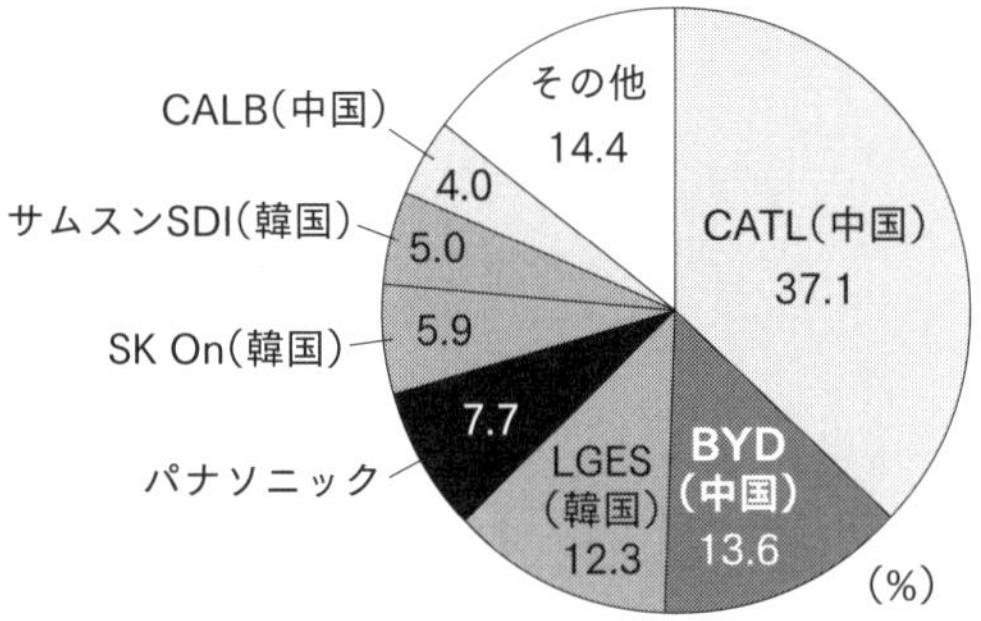

（出所）韓国SNEリサーチ　https://president.jp/articles/-/65354?page=4

日本から韓国や台湾、そして中国に業界の覇権が移った産業は鉄鋼、太陽光パネル、造船など数多い」

やはり、ここでも「機動的な経営判断で巨額の設備投資を決断した」ことが台湾や韓国の優勢の要因として分析されていて、技術の差ではなく、しっかり数を迅速につくらなかったことが日本の敗退の要因とされています。

そして現在は、日本発の技術としてノーベル賞も受賞したリチウムイオン電池のビジネスが、日本企業ではなく、中国企業の収益になっているのです。

リチウムイオン電池でもっとも期待されるＥＶ向け市場では、中国と韓国のメーカーがひしめきあっている状況で、日本はパナソニックが孤軍奮闘しています（図表7－3）。第4章でも述べたように、中国は最先端の技術で製品差異化をしているのではなく、既存の技術で大量に安定的に安価に電池を生産することで好業績を上げていることが注目されます。

このような日本のハイテク製品の敗退を見ていくと、新たな技術や製品を生み出す価値創造はとりあえず日本が積極的に行うけれども、新たな技術から収益を刈り取る価値獲得は他国の企業が行っているパターンが見えてきます。

20世紀の日本は技術開発に積極的で、新たな技術が新たな価値を生み、それが消費者に受け入れられて大きな収益を得てきたわけです。それがデジタル化により、分業、オープン化、標準化や機能・性能だけでない製品の価値の創造などさまざまなビジネスの知恵を駆使しないと競争に生き残れない状況が生じてきました。

これは日本が劣っているという話ではありません。能力の伸ばし方の違いです。大阪大学の延岡健太郎教授は、日本は技術や製品を生み出す価値創造の能力軸が特に優れているのに対して、米国企業は事業の価値獲得の能力に優れていると述べています（図表7－4）。

たとえば、デルというPCの会社は、自社で要素技術を開発しているわけでも生産を

図表7-4　能力の伸ばし方の違い

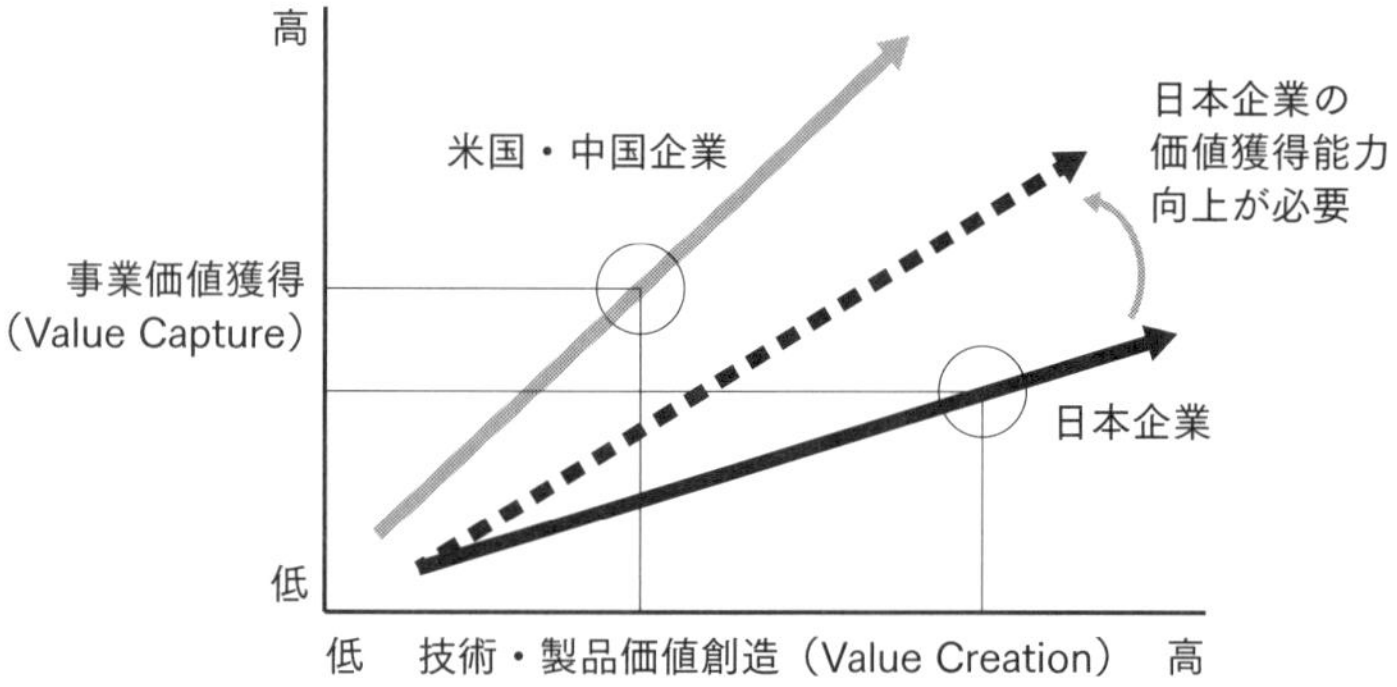

（出所）延岡健太郎氏作成資料をもとに筆者作成

しているわけでもありません。ですが、ＰＣ市場ではトップブランドの１つになっています。デルは、ＣＰＵやメモリなどのＰＣを構成する部品を他社から調達し、自社が委託している外部の工場で生産をしています。製品そのものに大きな違いが他社と比べてあるわけではありません。しかし、迅速に効率よく、部品を調達したり、商品をデリバリーする力があります。

　つまり、価値創造で差をつけているのではなく、調達や物流、サプライチェーンといったビジネスの力で価値獲得の差をつけているのです。

　こうした価値獲得の力が強い国には、中国も挙げられます。はじめは技術的な差異化は小さいもののビジネスの知恵で業績を伸ばしてきた中国企業がいくつもあります。ＥＶで急成長をしているＢＹＤもその１つです。ＢＹＤは、１９９５年にエンジニアの王傳福（Wang Chuanfu）氏が深圳で起業した電池メーカーです。

充電式の電池の技術として長くニッケルカドミウム電池が使われてきましたが、１９９０年代になると日本企業はより性能の高いリチウムイオン電池に注目し、開発資源を集中するようになりました。この日本の動きを見ていた王氏は、「日本にとってニッケルカドミウム電池の技術はもう時代遅れとなったが、中国にとってそうではなく、まだニーズが十分にある[26]」と考えました。

サムスンの白黒テレビ事業と似た話ですが、日本が先進技術を追い求めて捨てた既存技術を使って、既存技術で戦える市場や製品を考え、成長したのがＢＹＤでした。

ＢＹＤはその後、ノキアやモトローラなどの大手携帯電話メーカー向けにバッテリーを生産し、１９９９年には世界最大の二次電池メーカーに成長、２００２年にはリチウムイオン電池の生産も開始しています。２００３年にはバッテリーで得た資金をもとに

26　徐方啓（２０１５）「中国－電気自動車メーカーＢＹＤの競争戦略」『近畿大学商経学叢』62（1）17－31

中国国営の自動車メーカーを買収、ＥＶに進出して世界最大のＥＶメーカーに成長しました。

ＢＹＤ、あるいはサムスンなどの企業は、自社内に先進的な技術を持っていたわけではありません。しかし、価値創造を上回る価値獲得の能力を持っていたおかげで収益を得て、その収益を研究開発につぎ込むことで、今度は価値創造の力もつけていったのでした。

5　対韓輸出規制強化で見られた日本の強み

価値獲得のためのビジネスの知恵が必要だとは言いましたが、価値創造のための技術の知恵が不要という訳ではありません。むしろ、価値創造の力は日本の強みですから、日本の弱みを補いながらも、日本の強みは伸ばすべきです。

もう一度、韓国と半導体の話に戻しますと、２０１９年に日本と韓国の間で、半導体製造に使うフッ化水素、フッ化ポリイミド、レジストの3品目の対韓輸出管理を強化し摩擦が起きました。これは韓国の輸出管理に問題があるため実施されたものですが、日韓の間には徴用工問題などの政治問題もあり、当時の韓国政府は日本に対して厳しい左派政権であったため、日韓の対立は深刻化していました。

そのため、韓国では半導体関連製品の国産化が進められました。日刊工業新聞によると「半導体製造の洗浄工程などに使われる高純度フッ化水素は、韓国で日本製から現地生産品への切り替えを図る動きが活発化[27]」したとされます。また、日本経済新聞も、「韓国の半導体素材メーカーがサムスン電子など自国の半導体大手との取引を拡大している。日本の輸出管理厳格化を機に素材を国産化する機運が高まったためで、関連企業の合計営業利益は４年間で倍増した[28]」と報じました。

このような輸出規制管理強化は、２０２３年４月に全面解除になりました。[29]しかし、これだけこじれると韓国の半導体産業と日本の半導体関連製品産業との間の溝は広がりそうですが、実際には韓国半導体企業による国産品への乗り換えは限定的であったよう

27 https://newswitch.jp/p/36312
28 https://www.nikkei.com/article/DGXZQOGM101XQ0Q3A310C2000000/
29 https://www.nikkei.com/article/DGXZQOUA285RN0Y3A420C2000000/

です。このことについて、少し長いですが、日刊工業新聞の記事を引用します。

「ただ各社ともに対韓国輸出は続けており、日韓の半導体・材料業界の強い結びつきを根本から揺るがすことはなかったようだ。『韓国向けの輸出量は減ったが、一定量の輸出は続いている。顧客にとって当社製品が必要であり、他国からの輸入や自国生産による置き換えが進まなかったと認識している』（ステラケミファ）。日本企業の持つ高純度化技術や品質管理は簡単にはまねできない。

一方、ＪＳＲや東京応化工業、住友化学などが展開する極端紫外線（ＥＵＶ）露光向けフォトレジストでは、輸出管理厳格化の影響はほとんどなかったようだ。住友化学の岩田圭一社長は、『適切に手続きを取れば問題ない』と話す。現地生産化した企業もある。フォトレジストは日本企業が世界シェアの約9割を占め、特に最先端の半導体製造に使われるＥＵＶレジストは日本勢がリードしてきた。韓国メーカーによる最先端半導体の生産に日本勢のＥＵＶレジストも寄与したとみられる。

日本の半導体材料各社は、韓国への投資を積極的に続けており、東京応化工業は22年までに韓国仁川市の拠点を増強し、ＥＵＶやフッ化アルゴン（ＡｒＦ）露光向けを中心にレジストの生産能力を18年比2倍以上に高めた。ＪＳＲは、現地との合弁で運営していた韓国の販売・サービス拠点を完全子会社化し、研究開発を強化する。住友化学やレゾナック・ＨＤも韓国で半導体関連投資を進める」[30]

この記事から日本の半導体部材や設備産業について２つの重要な示唆が得られます。１つは、やはり部材メーカーの工場は半導体工場の近くに隣接するということです。今回は輸出規制強化がきっかけとはなっていますが、日系メーカーが韓国半導体工場の近くに部材工場を建設したことが示されています。

外国にあっても日系メーカーの製品が使われるのであれば、日本にとってもメリットがあるのですが、製造の現場が海外に移動すれば、その分だけ日本の雇用は減少します。やはり、より良い方策としては日本で半導体を製造して、日本で部材や設備も製造するほうが良いに越したことはないでしょう。

もう１つは、より重要な示唆ですが、どれだけ日韓の貿易が面倒な事態になったとしても、半導体関連製品は簡単に韓国が内製化できず、日本に頼らないといけない状況が続いたということです。

30 https://newswitch.jp/p/36312

図表7-5　2020年の国・地域別（本社所在地）半導体売上高シェア

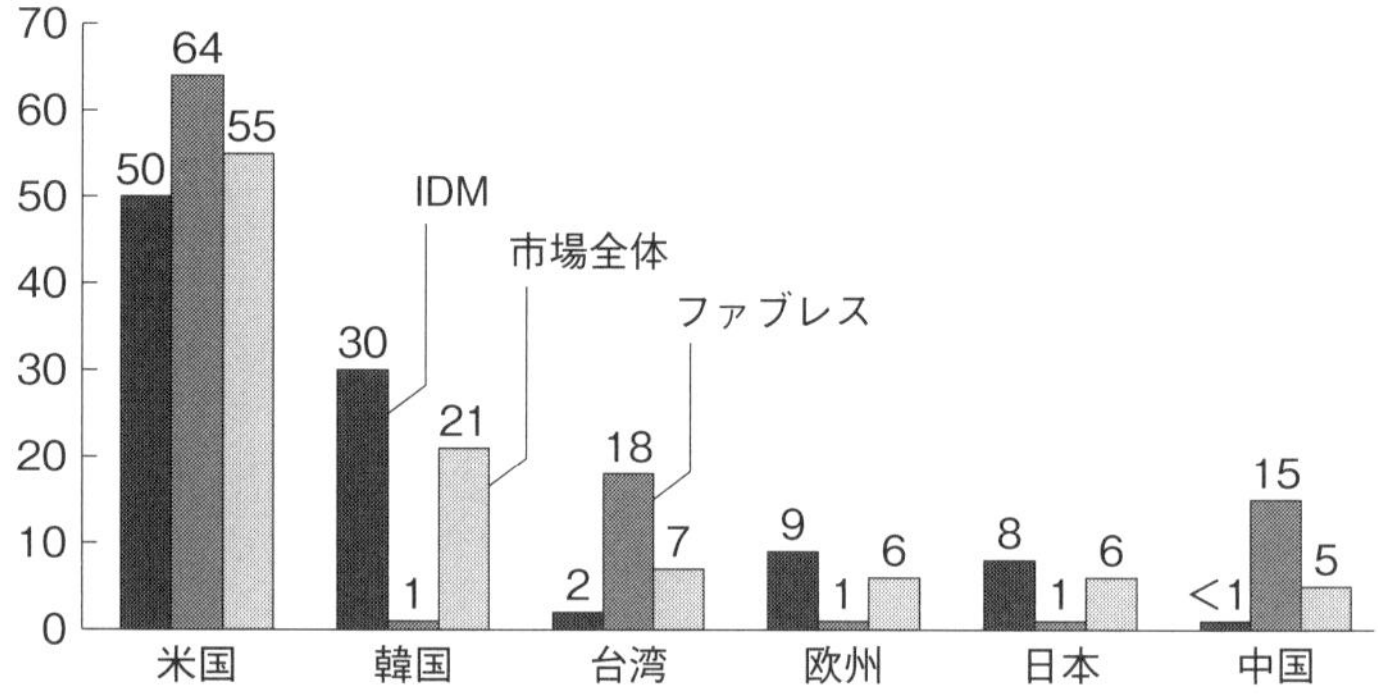

（注）ファウンドリーは含まない
（出所）ICインサイツ　https://dempa-digital.com/article/186425

韓国では国民感情からも日本製品のボイコットが起きました。また、半導体製品は韓国が日本を追い抜いて、ファウンドリーを含まない半導体売り上げシェアでは米国に次ぐ2位のポジションを獲得していますが、それでもなお日本の部材や設備を必要としています（図表7－5）。

これは日本の価値創造の強さを示しています。どれだけ市場の環境が不利でも、ずば抜けた技術力、価値創造力があれば、技術だけで一点突破ができるということです。これは20世紀の日本のビジネスモデルが半導体の部材や設備では有効であるということを示しています。

しかし、こうした部材や設備も技術的に

成熟し、技術による機能・性能の差よりもスピードや価格などが重要な局面になると、価値創造の力よりも価値獲得の力が重要になるということです。

つまり、まだ日本が技術の価値創造で競争ができるうちに、しっかりと半導体産業全体の価値獲得の能力、すなわち、ビジネスの能力として半導体ビジネスを強化することが重要になるのです。

第8章

台湾が世界一に上り詰められた深刻な理由

1 国連脱退で後ろ盾を失う台湾

再び台湾の話に戻ります。台湾は1960年代まで、農業と軽工業が主要産業であるような国でした。そのような地域で、いきなり最先端のハイテク産業である半導体開発を進めようとしたのは、先も述べましたが他ならぬ台湾政府自身でした。韓国の半導体開発も当初は政府主導で行われましたが、台湾は韓国の開発スタイルを研究し、それを見習って実行したと言われています。

1970年代は台湾にとって一番苦しい時期でした。国共内戦で蒋介石率いる中華民国軍は台湾に追いやられていたので、中国と言われているほとんどの地域は北京政府に取られていた、というのが実態です。

しかし、当時の台湾の中華民国全図という地図を見ると、モンゴルを含めてすべて中華民国になっているのです。これが建前で、その建前が国際社会のなかでも追認されていました。当時、北京にある政府は非合法な政府で正当な政府は中華民国、台北に臨時政府を置いている中華民国であるという立場を国連は取っていたのです。

したがって１９６０年代までは、軍事バランスは圧倒的に北京政府の中国のほうが強かったのですが、中華民国である台北の政府が全中国を代表するとされていました。国際社会でのそうした後ろ盾があったので、台湾は中国と対峙して緊張関係のなかでバランスを保ちながら存立できていたのです。

１９７０年代に入ると、北京政府の中国が世界に対する存在感を増すようになって、そんななか、米国首脳が突如北京を訪問したことでますます北京政府の中国が世界の表舞台に顔を出すようになります。米中の雪解けのムードが引き金となり、国連の代表権が問題になるようになりました。いままでの建前を捨て、実際に中国を支配しているのは台湾ではないという話になって、中華人民共和国を正式な国連の代表とすることが決議されたのです。

台湾の立場では国連を脱退したと言っていますが、国連側は政権が代わったことによる政府承継の問題だとしています。つまり、中国という国は変わらないが、中国を代表する政府をこれまでの中華民国から、今後は北京の中華人民共和国政府とみなすという、政府が承継されたとの見方が国際社会の認識であり、日本もそう見ています。中国という国は変わりなく存在し、政府が承継されて北京政府に代わっただけ、それが米中・日中の国交正常化なのです。

2 国連脱退後の台湾と日米の関係

その後の台湾との関係を考える際に、日米ともに、実態に合わせるために社会主義国の中国を無視することはできないが、やはり自陣営としての台湾の立場も考えなければならなかったため、米中・日中の国交正常化のプロセスのなかで同時並行的に、国交途絶後の台湾とも外交上の関係をどうするか決めていたのです。

台湾側は亜東関係協会（現、台湾日本関係協会）という組織を、日本側は交流協会（現、日本台湾交流協会）という団体をつくって交流を続けることになりました。それぞれ民間団体なのですが、日本の交流協会には日本の外務省や経済産業省などの役人が出向して、民間交流というかたちで対台湾政策を行ってきたのです。

ちなみに、日本側の交流協会という名前も、もめにもめた末の結果で、台湾側は日華交流協会という名前にこだわったのですが、「中華」を入れると中国の反感を買うと言って日本側が拒否し、結局ただの交流協会という、誰と交流するのかわからない名前になりました。その後、安倍政権の時に台湾支持を明確にして、いまは日本台湾交流協会と名前が変わっています。

民間協力のかたちで実質的な外交ルートを残したわけですが、交流協会の台北事務所の所長は、あくまで民間団体の長ではあるものの、大使級人事なのです。外務省でどこかの大使を務めていた人が外務省を一度辞めて台北事務所長になり、また時期が来たら外務省に戻ってどこかの大使に転出します。高雄にも高雄事務所があって、こちらは公使級人事になります。国交という表向きの関係は途絶えましたが、日本は実際の台湾との外交関係を残しています。

米国も同様のかたちで、民間団体をつくって交流を続けています。もともと米華防衛協定という、いわゆる日米安保協定のような条約を台湾との間で結んでいたのですが、外交関係が途絶した後には条約というかたちでは残せないので、米国の国内法として台湾関係法をつくり、台湾に協力をするというかたちを取っています。

いずれにしても、国連からの退場を余儀なくされた台湾は、いままでのような国際法上の独立国としての立場はなくなっていくのです。

3 国策となった半導体事業

国際法上の立場をなくした台湾は、いつまでも米国や日本に頼れないと思い立ち、自立の道を選ぶしかなかったのです。その際、先述したように、軍事技術の近代化と経済力の強化という2つの課題に直面し、両者を一気に解決するためにたどり着いたのが半導体だったのです。

第2次世界大戦末期までの軍隊の強弱は陸軍の兵力で決まっていました。しかし、20世紀も後半に入るとミサイルなどの誘導兵器がものを言う時代に変わり、兵士の数は軍事力を計る面では重要でなくなっていきます。その誘導兵器のコアになる技術が半導体であって、半導体を選んだ1つ目の理由は軍事力の増強を目的としてのことです。

もう1つの理由は、経済的な観点からのものでした。半導体のなかでも、先行する韓国は比較的安価なため物量がものを言うコンピュータ用途の「記憶を司る」メモリＩＣに力を入れていました。最後発で半導体開発に参入した台湾は、「記憶を司る」ほうではなく、「計算を司る」ロジックＩＣを選んだのです。

なぜかと言うと、台湾政府は今後、半導体はコンピュータだけでなく、家電製品一般に使われるようになるとの予測を立てていました。したがって、今後のマーケットを見据えた時に、需要が大きく膨らむに違いない、付加価値の高いロジックＩＣに的を絞ったのです。つまり、技術の選択自体が、最初から技術的な理由ではなく市場をにらんだビジネス発想だったのです。

この発想こそが、台湾の半導体産業の性格をよく表しています。その後台湾は、半導体開発のための政府系研究所である工業技術研究院（ＩＴＲＩ）を設立し、当初から開発だけでなく生産・製造にも力を入れるために、技術提携先となるパートナーに米国のＲＣＡを選んで、研究の段階から量産を見据えた開発を行っていったのです。

ちなみにＩＴＲＩは、日本で言えば産業総合研究所のような組織です。ただし、産総研は技術のための技術を開発することに熱心なばかりであまりビジネスにはつながらないのですが、ＩＴＲＩは、台湾経済の自立がなければ台湾という枠組み自体がなくなってしまうという危機感をもとにつくられた組織なので、ビジネスを強烈に意識していたわけです。

技術提携先にＲＣＡを選んだ理由は、ＲＣＡだけが開発だけでなく製造エンジニアの教育、トレーニングも受け入れてくれたからです。研究所として、半導体を開発するだけではなく、台湾で量産できるようにならなければと考えてのことです。それで、量産まで手伝ってくれるパートナーとしてＲＣＡを選んだと言われています。

4 開発と製造の分離――ファブレス&ファウンドリーモデル

そして、１９８５年に「台湾半導体の父」と呼ばれるモーリス・チャン氏がＩＴＲＩの院長になります。この方は台湾積体電路製造（ＴＳＭＣ）の創業者でもあり会長でもあった人です。会長は退きましたが、まだ大きな影響力を持っていると思われます。

このチャン氏が院長になると、多品種生産と大量生産を両立させるファブレス＆ファウンドリーというモデルを確立させるのです。

ファブレスというのは、半導体の開発はするが自社で生産設備を持たない会社です。つまり、開発だけして生産はしない会社ということです。

これに対してファウンドリーは、開発機能は持たず、半導体の生産・製造だけを請け負う会社です。最近は、サムスン電子なども製造に特化したファウンドリー事業を始めています。近年、３ナノや5ナノのプロセスのファウンドリーサービスを始めたサムスンは、ＴＳＭＣの強力なライバルとなっています。

生産に特化した会社のメリットは、多くの企業からの需要が生まれることです。

ＩＤＭの問題点として、意外かもしれませんが少量生産に向いていないということが挙げられます。自社である半導体をつくろうとした時に、半導体の生産効率を上げるためには、同時にたくさんの半導体を製造しないといけませんので、おのずと大量に半導体が生産されてしまいます。小口でつくろうとすると生産性を落とさなければなりません。

しかし、ファウンドリーの場合、例えば1枚のウエハーの上に複数の顧客企業の半導体を混載して生産することもできます。この場合、1種類ずつの半導体の生産個数は、1枚のウエハーを分け合って生産しますので、比較的小口になりますが、生産そのものは大規模に行えるので、少量生産の小回りの良さと、大量生産のコストメリットの両方を享受することができます。このようなファウンドリー固有のメリットもあるのです。

また、ファウンドリーは生産に特化しますから、生産技術は他社よりも多く蓄積されます。それが歩留まりの改善など生産効率の向上に寄与し、さらに品質が良く経済的な半導体製造を行うことができるので、世界中のファブレス企業は、こぞってＴＳＭＣや聯華電子（ＵＭＣ）などの世界トップレベルのファウンドリーに生産を委託することになるのです。

また、ＴＳＭＣなどのファウンドリーが自らはＩＤＭとして半導体の開発に手を出していないこともファウンドリーの信頼につながっています。

例えばある企業が他社に製造を依頼しようとなった場合、日本の半導体メーカーなど、自分のところでも半導体製品をつくっているような会社に頼めば、依頼する半導体製品の技術が流出するリスクを抱えることになります。その点、開発は一切せず生産・製造だけに特化した会社なら、技術流出のリスクが小さくて済みます。

世界最大の半導体製造企業と言われるＴＳＭＣは、我が社は半導体の開発はせずに生産・製造に特化していますと宣言し、どこの会社に対しても中立であるという立場を取ったので、世界の各企業は安心してＴＳＭＣに仕事を依頼できるのです。

これは先述した部品の外販ビジネスにおいて、自社よりも外販先の顧客企業を優先させるといった話にも通じる、安心という情緒的価値と似た話と言えます。

もう１つ感心するのは、生産技術に特化したことです。技術の使いどころは２つあって、１つは製品を開発する技術で、もう１つは生産するために使う技術です。２つの技術、性格がまったく逆なのです。

生産技術は、基本的には積み重ねなので軍隊的な組織に向いているのですが、製品開発の技術というのは新しいアイデアや多様性が重要なので柔軟な組織であるべきなのです。日本は、新しい製品をつくるのは得意としていますが、生産する技術に関しては、実はそれほど得意ではないのです。

台湾では、例えばシャープの親会社で iPhone をつくっている鴻海なども、生産に特化している企業です。鴻海の顧客はＩＢＭ、ＨＰ、デル、ソニー、任天堂、アップルなど多岐にわたっていますが、いずれも鴻海の高品質で低コストな生産技術に期待して生産を委託しています。

半導体分野の生産ではＴＳＭＣが断トツで、とにかく顧客から依頼されたものはどんなものでもつくってしまうのです。難しくてとてもつくれそうにないような要求を出しても、どのようにしているのかは謎だが何とかつくってくれる、それがＴＳＭＣという会社だと言われています。

従来、製品の開発と生産は、どちらも１つの会社のなかで行うのが通常の姿でしたが、半導体の設計と生産を完全に分けるというモデルを採用したのは台湾が初めてで、台湾は生産に特化することを選びました。

研究所のなかで最先端の半導体を設計して開発することができるのと、実際にそれを量産することができるのとでは、まったく別の話なのです。そうした研究所レベルの試作品も、ＴＳＭＣに持ち込めば量産できてしまう。だから、世界中の半導体開発企業は生産・製造をＴＳＭＣに頼むようになったのです。

5　台湾のモデルが半導体の国際的な分業を生む

半導体の開発と生産・製造を分離したこのファブレス＆ファウンドリーモデルは、業界にもう１つ大きな変革をもたらしました。

日米半導体摩擦での問題は、半導体企業とその設備と半導体をつくるための部材が、すべて１つの国の中でのサプライチェーンだったことによります。米国の半導体が強い時は、米国の半導体企業も強いし米国の設備メーカーも部材メーカーも強いという状態でした。したがって、半導体のシェアを日本に取られるということは、何もかも日本に取られてしまうことを意味したのです。

しかし、ファブレス＆ファウンドリーモデルの導入は、この総取りシステムを壊すことになりました。そもそも開発企業と製造企業を分けたことにより、開発者である米国企業の権益は侵さずに製造だけを請け負わせてもらうということになるのです。

例えば、インテルやＡＭＤのＣＰＵなども台湾で製造されていますが、最終製品はインテルやＡＭＤといった米国の会社ですので、最終製品のシェアでは米国がいまだに50%ほどを占めています。

このように、1位の製品を持つ国はサプライチェーンごとすべて1位を取るという、かつての状態は崩れ去ったのです。そうなると、例えば半導体部材、シリコンウエハーと一部半導体製造設備は日本が強い、米国は半導体製造設備の一部と最終製品が強い、半導体の製造にかけては台湾が強い、といった具合に国際的な分業が進んでいきます。

いわば、半導体産業の強さが、部材・設備の強さと最終製品の強さに分離するということになります（とはいえ、半導体部材メーカーは半導体工場の近くに立地するという特性があるので、難しいところではありますが）。

したがって、半導体の開発生産のすべてを1つの国や企業だけで独占する事態にはならないので、日米半導体摩擦のような確執も生まれないことになります。台湾のつくった生産の新しい仕組みが、半導体を国際的に分業可能な産業に変化させたのです。

これは1位を目指さなくて良いという話ではありません。垂直統合的にすべてをおさえなくても良いので、サプライチェーンの一部であっても特定の事業で1位を取ることが重要なのです。

加えて言えば、サプライチェーンの中の鍵となる部分をおさえれば、全体を支配していなくても、プラットフォームリーダーとして、サプライチェーン全体に対して支配的な影響力を持つことも可能なのです。

6　ファブレスの雄エヌビディア

さきほどサプライチェーンの中で鍵になる部分をおさえれば全体を支配できるという話をしました。

例えば、ＰＣの世界では、インテルとマイクロソフトがＣＰＵとＯＳの基本仕様を決めてしまうと、ＰＣを構成する他の部分の半導体や部品をつくる企業は、インテルやマイクロソフトの方針に従わざるを得なくなります。

こうなると、インテルやマイクロソフトはＣＰＵとＯＳしかつくっていなくてもＰＣ全体を支配しているのと同じ状況になります。

さて、コンピューターの世界で今最も注目されているのはＡＩですが、ＡＩの業界で、この支配的地位にいるのが、ＡＩの演算に使われているＧＰＵのトップ企業のエヌビディア（ＮＶＩＤＩＡ）です。

インテルはＩＤＭですので自前でＣＰＵを設計して、自前でＣＰＵの製造も行います。エヌビディアは、自前で製造は行わない、先にこの章で述べたファブレス企業です。

エヌビディアは、１９９３年に台湾系アメリカ人のジェンスン・ファアン（黄仁勳）氏が設立したグラフィック・プロセッサ（ＧＰＵ）の開発企業です。ＣＰＵというのはコンピュータで計算をつかさどる専用のロジックＩＣですが、ＧＰＵはさらに専門化して画像処理に特化したロジックＩＣです。

第１章で、半導体は電気スイッチになり、スイッチで計算ができるとお話ししました。

図表8-1　論理演算と論理回路

AND演算

入力1	入力2	出力
0	0	0
0	1	0
1	0	0
1	1	1

OR演算

入力1	入力2	出力
0	0	0
0	1	1
1	0	1
1	1	1

NOT演算

入力	出力
0	1
1	0

AND回路　OR回路　NOT回路

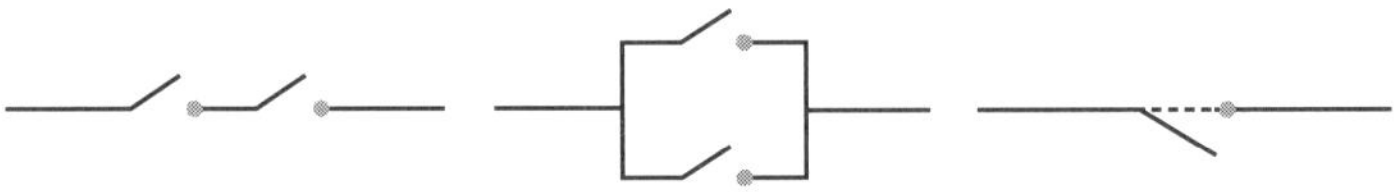

出所：筆者作成

我々が普通、計算と聞いて思い浮かべるのは、3＋5＝8とか2×8＝16のような四則演算だと思います。こうした任意の桁数の計算のことを算術演算と呼びます。

それに対して、コンピューターは先述のように2進数を扱い、0と1だけで数字を表現します。10進法の0は2進法の0、1も1、ですが、2は10、3は11、4は100、5は101……とすべての数値が0と1だけで表現されるのが2進法です。

ですので、コンピューターの中では算術演算は行われておらず、代わりにすべての事象を真か偽かで判断する論理演算ということが行われています。

このとき、電気が流れない、すなわち0を偽、電気が流れる1を真として考えます。論理演算の基本にはAND、OR、NOTの3つの演算がありますが、それぞれ図表8－1が表すように、and、or、notの英単語のイメージ通りです。

AND演算であれば2つの値のどちらも（and）真であれば真、それ以外は偽になります。OR演算であれば、どちらかが（or）真であれば真、それ以外は偽となる。NOT演算は真ならば偽、偽ならば真となる、という感じです。

これをコンピューターで行うときは、先の図で示したように、AND回路であればスイッチを直列につないで電気が流れるかどうか、OR回路であればスイッチを並列につないで電気が流れるかどうか、で表現できます。

この論理演算で計算した結果の値を10進数や16進数で表現することで、コンピューターがあたかも10進数で算術計算をしたかのようにユーザーに見せることができるのです。

このような計算を高速かつ大量に行うためには、CPUの中に膨大な論理回路を埋め込む必要があります。そのためコンピューターの高性能化には、より多くの論理回路を搭載するためのプロセスサイズの微細化が必要になるのです。

こうした回路の計算を画像処理に特化して行うのがＧＰＵ、画像処理プロセッサと呼ばれる半導体です。コンピューターのディスプレイ上に表示される情報は、縦横２次元の中にたくさんの点として表示されます。この点を同時並行に高速に制御するのが、ＧＰＵの仕事です。

こうした並列処理は人間の脳の中でも行われています。ですから、人と同じような計算の仕方をＧＰＵはやっているのです。

これでお気づきだと思われますが、ＡＩの計算にはＧＰＵがぴったりというわけなのです。ですから、ＧＰＵのトップメーカーであるエヌビディアがＡＩの中心的な企業になったわけなのです。

例えば、NVIDIA H100 Tensor コアＧＰＵという最新のＧＰＵは４ｎｍのプロセスサイズのチップで、８１４平方ｍｍのチップの中に８００億個のトランジスタが搭載されているといわれています。

エヌビディアはファブレス企業ですので、生産はＴＳＭＣに委託されていて、ＴＳＭＣの４ｎｍプロセスの工場で生産がされています。

２０２４年２月26日付の日本経済新聞の「ＡＩ関連、世界株底上げ　ＮＶＩＤＩＡ効果波及続く」という記事は、「26日の東京株式市場で日経平均株価が続伸した。前営業日にはバブル経済期以来の最高値を更新したが、買いの勢いは衰えていない。米半導体大手エヌビディアの好決算をきっかけに人工知能（ＡＩ）関連銘柄がけん引する世界株高が続く」と報じています。

ＧＰＵのように一つの分野にとびぬけた企業であれば、自分で半導体を製造する設備を持たなくても世界の株価に影響を与えるほどになります。これが、プラットフォームのリーダーになるということなのです。

第9章

米中貿易摩擦で漁夫の利を取れるのは誰か

1 チップ4による中国の囲い込み戦略

この章では、米中貿易摩擦のなかで、日本がどう立ち回れば半導体産業の存在感を部分的にでも取り戻せるのか、を見ていきたいと思います。

昨今の米中貿易摩擦も、かつての日米摩擦と同様に半導体をめぐる2国間の権益に対する対立が生じているわけですが、さらにそこに安全保障の問題が含まれている点が事態を複雑にしています。

日米対立の時も、軍事技術である半導体での米国企業の競争力低下は米国の安全保障の問題につながる、との議論はありました。しかし、昔もいまも日本は米国の同盟国であり、その同盟国との間の摩擦と、主義、思想、体制が大きく異なる中国との対立とでは、危機感の大きさは対日本の比ではありません。

本書の台湾をめぐる議論でも指摘しましたが、ＣＰＵなどの半導体は、今日の軍隊の戦力を決める誘導兵器の中核的な部品です。また、昨今のロシア・ウクライナ戦争でドローンなどが活躍しているように、半導体による制御やＡＩ技術などが軍事技術のなか

図表9-1　プロセスごとの国・地域別半導体生産能力

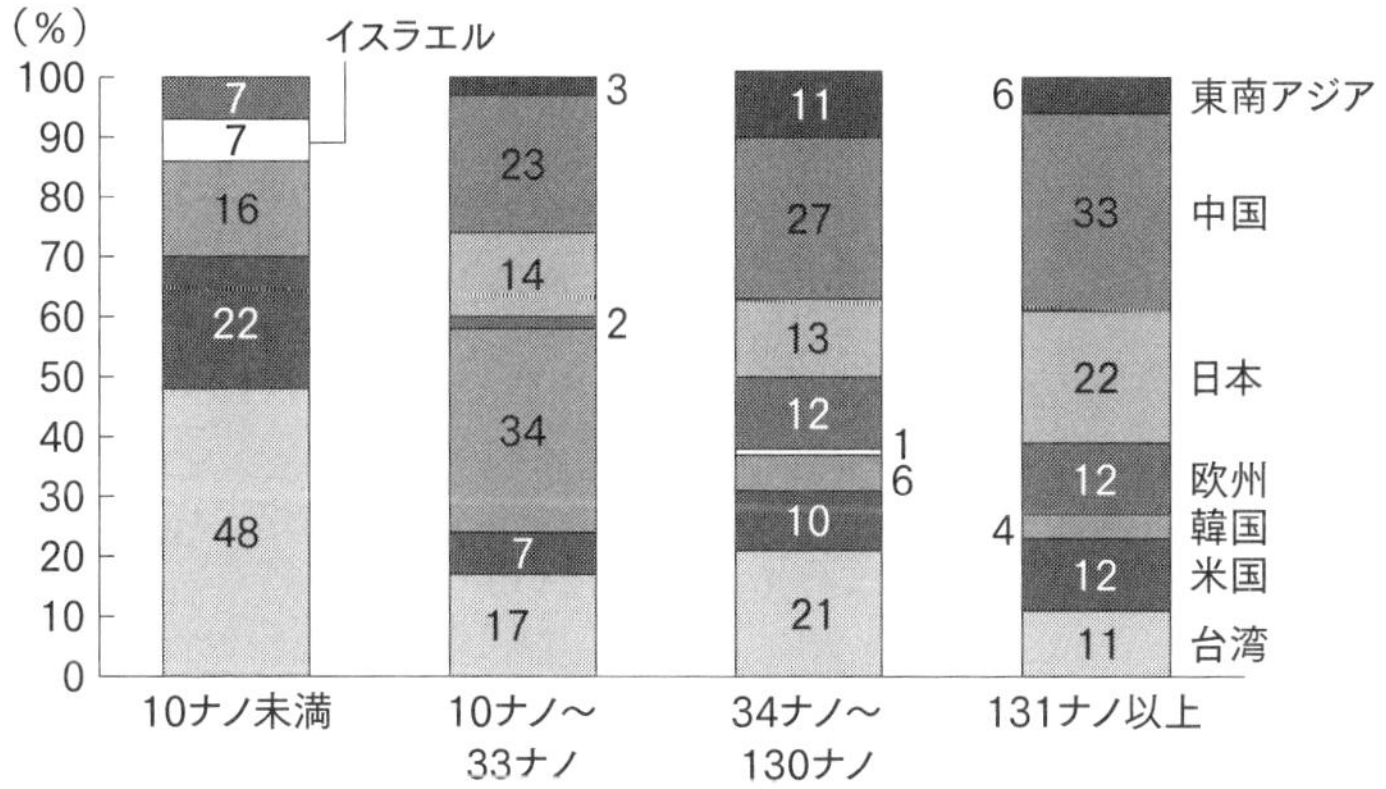

（出所）https://www.jetro.go.jp/biz/areareports/special/2023/0501/d446713f61c3fa47.html

で非常に重要な要素になってきました。

ＴＳＭＣの海外工場を22／28ナノプロセスは日本に、3／5ナノプロセスは米国アリゾナに、という話がありましたが、これも市場との関係で見れば、民需中心の日本には自動車や家電に用いられる22／28ナノの工場、巨大な軍事市場を持つ米国には、先端のＡＩ技術に必要な3／5ナノの工場をそれぞれ優先して建設するという見方もできます。

図表9－1はプロセスごとの国別半導体生産能力です。10ナノ以下の製品を開発している地域は、台湾、米国、韓国、イスラエル、欧州に限られ、生産に至ってはほとんどが台湾か韓国です。

米国にしてみれば幸い、まだ中国は10ナノ以下の先端半導体を十分につくる能力を保有していません。ただし、すでに中国は半導体製造で大きな存在感を示していますし、本書の第1章で紹介したファーウェイの7ナノチップのように米国を震撼させるようなニュースも舞い込んできました。

先端半導体の生産を行う台湾、韓国は米国側に立ってはいますが、台湾は中国との両岸問題を抱えていますし、韓国も中国に近い北朝鮮と対立状態にあり、地政学的リスクを抱えていないとは言えません。

そこで米国は、自国と同じ自由主義経済の価値観を共有する国や地域で連携し、最先端半導体の開発を囲い込もうと「チップ4（CHIP4）」のコンセプトを打ち出しました。つまり、米国、日本、韓国、台湾の4つの国と地域が共同で最先端半導体技術を開発し、囲い込むことにより、中国の技術に対抗していこうとするアイデアです。

かつて日本の半導体産業を骨抜きにした米国も、中国に取られるくらいなら日本に開発・製造をさせるほうがましだと考えている状況にあります。これは日本にとってはチャンスと言えます。

2 米国の思惑に乗じて日本半導体産業の再起の目は

半導体の設備メーカーでは、最先端のチップの露光装置はキヤノンもニコンもつくれません。ですから両社とも急速にシェアを落としています。最先端のチップの露光装置はＥＵＶ露光装置と呼ばれていますが、いまこれをつくることができるのは、その技術を持つＡＳＭＬというオランダの会社のみです。

先端のＥＵＶ露光装置の開発製造はＡＳＭＬが行っていますが、ＥＵＶ露光装置の研究開発はＡＳＭＬとも連携をしているベルギーのｉｍｅｃが主導しています。ｉｍｅｃというのは、ベルギーの半導体製造装置の研究所で、ＡＳＭＬとｉｍｅｃが組んで最先端の露光装置をつくっています。現在はそこでしか5ナノ、3ナノのプロセスに必要な露光装置はつくれないのです。

米国はいま、中国に最先端の露光装置を売らないようオランダに必死に圧力をかけていて、中国はそれに対して世界貿易機関（ＷＴＯ）に提訴すると反発しています。

さらには、米国にとっては、オランダもベルギーも含めてヨーロッパの国々とは一定の距離感を感じていて、日本のほうが御しやすいということから、オランダだけに最先端の露光装置をつくらせている状況を変えようという意図が、米国のなかに見え隠れしています。

それをうまく利用しようとしているのが実はラピダスなのです。ラピダスはベルギーのｉｍｅｃと、最先端のチップの開発だけを行うＩＢＭの2社と組んでビヨンド2ナノという3ナノより先のチップ開発を始めており、しかもチップの開発だけではなく製造もできるような設備もつくると発言しています。しかし、これまで40ナノしかつくれなかった日本で、本当に2ナノをつくれるのかという疑問はあります。

また、日本は半導体の部材や設備では世界に一定の存在感を示していますが、日本の部材メーカーも設備メーカーも日本国内を優先的な市場とは見ていません。なぜかと言えば、国内には大きな顧客がいないからです。ここに、経済産業省の肝煎りでつくられた半導体開発製造企業ラピダスの先行きへの不安が残るのです。国内にまったく目を向けていない日本の各メーカーが本当に協力してくれるかどうか、はなはだ疑問だからです。

新聞報道によると、ラピダスには錚々《そうそう》たる日本企業が名前を連ねていますが、経済産業省に尻を突かれているから付き合い程度の参加だ、と答えている会社もあるとのことなので、オールジャパンメンバーがどこまで本気でラピダスを支えるのか、先がまったく見えません。設備メーカーも部材メーカーも、やはり大きな顧客優先なので、当然台湾や韓国、中国を優先することになるだろう、と考えるのが普通だと思います。ただし、中国への輸出が厳しくなれば、国内の新たな需要に注目が集まるかもしれません。やはり今の世界情勢は、日本やラピダスに有利といえるかもしれません。

部材・設備メーカーだけが順調ならばそれでよいのか、それとも再度日本が最終的な半導体製品を開発・製造する存在まで盛り返すための協力が優先事項か、各企業がどう考えるかがポイントとなります。

加えて、中国に取られるくらいなら日本にその役割を求めるほうを選ぶと考えている米国の協力が得られるのであれば、日本の半導体産業復権のチャンスはゼロではないという状況が訪れようとしていることも好機と言えます。チャンスは決して多くはありませんが、うまく回ればもう1度かつての栄光を奪い返すことができるかもしれません。

3 チップ4メンバーそれぞれの事情

しかし、チップ4による中国包囲網が米国の思うように本当に完成するのか、ここにも懸念材料があります。

台湾はこのチップ4の枠組みのなかで、TSMCが米国アリゾナに工場を建設することが決まっていますが、TSMC自身は米国での半導体製造が中国との関係のバランス上、台湾の優位性が失われることを懸念もしているのです。

一方、韓国は、日本と異なり内需が少ないため輸出依存型の経済です。その輸出相手として中国が大きな比重を占めているので、中国の機嫌を損ねることはできかねる、という事情を抱えています。したがって、同盟国だからという単純な理由だけで米国側につくことはできないのです。

その事情は日本も同様で、設備メーカーや部材メーカーは国内市場を相手にしておらず、海外の顧客を優先していると先述しましたが、海外の大口顧客にはもちろん中国も含まれるわけです。

部材・設備メーカーを例にとっても顧客の約20％は中国企業なので、米国の言うことを聞いて中国への販売をやめれば、当然のことながら売り上げが2割減ってしまいます。利益もその分減りますので、次の製品開発にも影響が出てしまうという問題が出てきてしまいます。中国との取引をやめるのならば、失う需要の穴埋めをどこに求めるか、この課題をいかに解決するかが悩みどころなのです。

4 韓国との関係強化の必要性

中国に脅威を抱いているのは、米国だけではありません。巨大な内需と、社会主義国特有の国内産業保護を中心にした中国政府の政策に支えられ強化された中国企業の競争力に対抗するためには、民主主義と自由経済という同じ価値観と、相互に協力できる産業構造を持つ日本と韓国、台湾は、今後とも良好な関係を続けて一層強固な協力体制を築くことが必要です。

というのも、3者の関係が悪化することを喜ぶのは、中国に他ならないからです。特に文在寅前政権で中国寄りの姿勢を示して中国依存を強めてきた韓国は、保守派の尹錫悦政権に変わったことで対日、対台関係も好転の兆しを見せ、日本も韓国を輸出手続きを優遇するグループＡ（旧ホワイト国）に戻しました。

中国依存から一気に脱却するのは難しいでしょうが、徐々にでもその依存度を下げる必要があります。韓国が中国との関係を重視しすぎると、韓国製のエレクトロニクス製品も欧米の規制対象になりかねません。

中国政府による国内の管理強化やウクライナ侵攻における中国のロシア寄りの姿勢に対して、欧米諸国が中国に対して明確にＮＯを突きつけている世界の現状から、韓国政府も中国にも米国にもよい顔をしようとする文在寅前政権の時のようなコウモリ外交はもはや許されません。旗幟《きし》を鮮明にすることが求められています。

また、別の角度からは、韓国の半導体産業はＴＳＭＣに代表される台湾の半導体産業と開発競争を行っているさなかでもあります。少し前まで日本が輸出管理を厳格化した半導体材料などの一部は、韓国国内でも内製化を進めていると言われていますが、品質などの問題から、ＴＳＭＣとの最先端プロセスの開発競争に対応するためには、日本の優れた部材に頼らざるを得ないのが現状です。

一方で日本にとっても、韓国を優良顧客として囲い込んでおきたいという思惑もあります。米国が主導する中国への半導体関連部材や設備の輸出規制が強化されれば、前述のように日本の半導体関連産業の約20％が中国向けであることを考えると、中国以外の需要を探す必要が出てきます。そのためにも、台湾、韓国の半導体企業にしっかりと食い込んで、日本の部材や設備を売っていく素地をつくっておくことが重要なのです。

尹政権下の韓国と日本は比較的良好な関係を築きつつありますが、韓国は右派と左派の二大政党制になっているため、次の大統領選挙によっては再び日韓関係が悪化する可能性も捨てきれません。いたずらに確執を生じて、第三者に漁夫の利を与えるような事態は避けたいものです。

5　日本と台湾との蜜月はいつまで続くのか

台湾では、2024年1月13日に次の4年間の施政を決める総統選挙と国会議員にあたる立法委員選挙が行われました。反中路線を進める与党民進党と中国との融和政策を掲げる野党国民党との間の選挙戦終盤は予想外の接戦となりました。

もともと与党の頼清徳候補の優勢が伝えられていたなかで、２０２３年末に野党は国民党の侯友宜候補と台湾民衆党の柯文哲候補の間で一本化を画策しましたが、最終的には決裂。再び頼候補優勢と思われたものの最後の最後まで接戦が続きました。結果、３候補のなかでもっとも得票の多かった頼候補が次期総統に決まり、台湾の自由選挙による総統選挙制度が始まって以来、初めて同じ政党が3期連続で総統を出した格好になりました。

しかしながら、頼候補の得票数は、前回の蔡英文総統の2期目の選挙の得票を大きく下回りましたし、改選前過半数を有していた議会では、過半数割れとなってしまいました。この選挙結果そのものが、台湾中国両岸関係が抱える地政学リスクに対して台湾の人々が戸惑いを感じていることの証左と言えますし、将来にわたって日本と親密な政権が続く保証はないということが言えます。

ところで、台湾と中国との間には事実上のＦＴＡとも言える海峡両岸経済協力枠組協定（ＥＣＦＡ）が、国民党馬英九政権時代の２０１０年に締結されました。２０１２年には海峡両岸投資保障および促進協定と海峡両岸税関協力協定が締結され、これらの協定はすでに発効していますが、２０１３年に締結された海峡両岸サービス貿易協定はその後の政権交代によって今日も発効していません。

そもそもサービス貿易協定は、中国からの台湾不動産投資が急増し香港の地価上昇と同様に台湾都市部の住宅に台湾の市民が住むことができなくなるのではないかという懸念から台湾の若年層を中心に反発が広がり、政権交代の引き金の１つになりました。

当時、ひまわり学生運動と呼ばれた２０１４年３月18日の立法院占拠事件が契機となり、国民党政権への不満が噴出し、翌２０１５年の統一地方選挙で国民党は大敗、２０１６年の総統選挙で民進党の蔡英文候補が当選し、台湾初の女性総統が誕生しました。サービス貿易協定に続く物品貿易協定は、民進党政権下でも交渉は続けられたものの締結のめどは立っていません。

とはいえ、ＥＣＦＡはアーリーハーベスト対象品目として先行して物品貿易の自由化が進められていて、現在、台湾側２６７品目、中国側５３９品目が関税ゼロになっています。

アーリーハーベスト品目が中国側のほうが多くなっているのは、国民党政権時代に中国が台湾に対して飴と鞭の飴として示したもので、ＥＣＦＡは台湾に有利な条項になっていると言われています。

今回の選挙期間中、民進党政権の半導体関連製品の輸出規制強化に反発して中国政府はこれらの優遇措置を停止する可能性にも言及していました。しかし、民進党が勝利したとはいえ、中国から台湾への締め付けを強くしすぎると、かえって台湾の市民の反発を招く可能性もあり、現実的には、貿易額の小さい農産品などの輸出規制措置などが取られるのではないかとみられます。

また、中国にとっても両岸経済統一は一帯一路政策の重要な要素であること、さらに両岸関係の重要な交渉カードでもあることから、ＥＣＦＡとその根幹であるアーリーハーベストは、簡単に全廃することはしないと思われます。民進党政権が継続することになった今日以降も、中国としてはつかず離れずでＥＣＦＡを用いて台湾に経済面からプレッシャーをかけ続けることが予想されます。

民進党が政権を維持したため、基本的には親米反中路線が継続されるとみられますが、立法院の過半数を有していないので、積極的な米国との協調政策も取りにくくなる可能性があります。ただ、米中貿易摩擦の焦点となっている半導体については、米国から台湾に対して、より一層厳格な半導体関連輸出規制が要求されることが予想されます。

すでにＥＣＦＡのアーリーハーベスト品目にも指定されている通信、電機、精密機器の分野は、米中対立を背景に台湾から中国への輸出がすでに低下していますので、台湾でも対中依存度を下げる経済政策が蔡英文政権時代から継続しています。

そうしたなかで、２０２３年夏には台湾から中国に半導体関連設備や部材の輸出が続いているのではないかと指摘され、台湾政府にさらなる規制強化が求められています。背景には、もちろん現在一部の国でしか製造ができない10ナノ以下の先端半導体の中国における開発製造を封じ込めたいとする米国の思惑があります。

それにもかかわらず、第1章冒頭で述べたようにファーウェイが発表した最新スマートフォン Mate 60 Proに搭載されたチップセットに、中国の半導体メーカーであるＳＭＩＣが開発製造した Kirin 9000S が搭載されこの半導体が7ナノプロセスで製造されていたため、先端半導体製造に必要な設備や部材の封じ込めができていないのではないかということが懸念されています。

こうしたなかで台湾からの設備、部材の輸出の可能性が指摘され、台湾政府としても、より厳格な輸出管理が求められる結果となりました。

ただ、こうした厳格な輸出管理を台湾が自発的に行うのは、民進党政権が継続するからこそかもしれません。もし国民党が政権を取っていた場合には、両岸経済関係の再構築が最大の政策になりますので、こうした親米反中路線の政策が継続されない可能性もあったのではないでしょうか。

さらに台湾は世界最大の半導体製造の産業集積地でもあり、日本や欧州から台湾への半導体製造設備や部材の輸出規制をすることは、ビジネス上ありえないことです。とすれば、米国による中国包囲網はなし崩し的に失敗する可能性もあったわけです。

6 日本と台湾の協力が一層深まるチャンス

日本と台湾の間にも２０１１年に締結された「投資の自由化、促進及び保護に関する相互協力のための財団法人交流協会と亜東関係協会との間の取決め（日台民間投資取決め）」という事実上のＦＴＡに当たる取り決めがあります。この取決めでは内国民待遇や最恵国待遇が取り決められており、日本と台湾との間に国交がないことが投資の障害になることはない状況になっています。ＴＳＭＣが日本に投資をして工場を建設できたのも、こうした日本と台湾との間の関係構築の成果と言えます。

もし中国が先端半導体を量産し、米国も中国製半導体を使わざるを得ない状況になれば完全に米国の敗北となりますが、半導体は経済的に重要な産業であると同時に重要な防衛技術でもありますので、そう簡単に米国が中国の半導体を採用するということはないでしょうから、米中との間で半導体産業のデカップリングが進むことが予想されます。

そうした時には、日本のＪＡＳＭの第２、第３工場による先端半導体の生産や、ラピダスの独自の最先端半導体の開発製造は重要な意味を持つかもしれません。

ラピダスは、国内の技術だけでなく、米国のＩＢＭやベルギーのｉｍｅｃなど欧米の企業や研究所と技術提携を行って半導体開発を進めていて、欧米の力は借りるものの台湾や中国、韓国などとのかかわりを持っていません。

台湾や韓国は半導体製造技術に関して一日の長があるので、その技術との連携がないことは、ラピダスの技術的な弱点ともなりうるのではないでしょうか。しかし、中国、台湾の地政学リスクを考えると、台湾の技術に依存することの不確実性リスクを避けることにもつながります。

このように考えれば、九州で台湾との連携で半導体クラスターをつくりつつ、北海道では、欧米との連携で半導体クラスターをつくろうとする日本の戦略は、不確実性リスクを回避するリアルオプション的な投資戦略と見ることができるかもしれません。

また、ＴＳＭＣにしても、欧米や日本は重要な顧客でもあり、日本や米国にＴＳＭＣの工場を持つことで、将来、台湾が中国寄りになったとしてもＴＳＭＣの製品は安心して欧米や日本に使ってもらえるというマーケティングが可能となります。

つまり、民進党政権が続くときだけでなく、国民党の親中政権が成立したとしても、熊本のＴＳＭＣ進出は、ＴＳＭＣにとっても日本にとっても意味があるということが言えるかもしれません。

余談ですが、将来的に国民党が政権を取った場合、親中的な政策が日本に影響を与えることが考えられますが、気を付けなければならないのは、国民党政権になったからと言ってそれが中国と台湾の統一を推進するという話にはならないだろうということです。

台湾では国民党の馬英九政権の時にＥＣＦＡによる過度な親中政策を進めた結果、国内の反発を招き、学生らのひまわり学生運動を経て政権交代につながった経緯があります。近年の国民党は民進党ほど反中ではないものの、中国とは一線を画して現状維持を目指すといった主張に変わってきています。

一方で、もともと民進党は台湾としての独立を目指す独立派の政党で、頼次期総統はなかでも特に独立を強く主張していました。しかし、過度な独立の主張は両岸関係に無用な緊張をもたらすとして多くの台湾市民に嫌われるため、独立のニュアンスはかなり薄めてきています。

こうした背景には、台湾には統一派も独立派もいるもののその数は限られていて、統一はしたくはないが、独立もリスクがあるのでしたくない、結局現状維持が一番いいという考え方が台湾のなかで支配的になっているということが指摘できます。

つまり、民進党が政権を取ろうが、国民党が政権を取ろうが、過度に今の両岸関係の枠組みが大きく変わることはないだろうということです。

台湾リスクが叫ばれていますが、台湾には日本よりも優れた生産技術や俊敏なプロジェクトマネジメントなどの長所があります。それは、日本のすぐれた基礎技術、製品開発力、長期的な戦略という長所と相互補完的な関係にあります。熊本で行われている日本と台湾の協業のように、多くの分野で日台アライアンスには潜在的な可能性が秘められています。

台湾の地政学的リスクを過度に評価することで、こうしたビジネスチャンスを逃すことがないように、冷静に日台ビジネスを考えていく必要があるのではないでしょうか。

第10章

安心という日本の価値づくり

1　ビヨンド2ナノのラピダスの問題点

日本の半導体関連産業が中国市場に代わる需要を求めるとすれば、韓国、台湾のほかにはラピダスなど、国内の半導体産業の育成があります。

ラピダスの挑戦について、電子情報技術産業協会（ＪＥＩＴＡ）という日本の家電業界団体は「最後にして最大のチャンスだ」と声明しました。おそらく、ラピダスが成功しなければ、日本の半導体産業に復活の目はない。その反対に、本当に2ナノをつくることができれば、日本の半導体産業は設備から開発・製造までを奪い返すことができるかもしれない、という願いも込められた言葉です。

しかし、ラピダスには2つの不安な点があると思っています。

1つは本当に2ナノの半導体がつくれるのかということです。先にも述べたように、県大会にも出たことのない選手が、いきなりオリンピックに出ることができるのかという問題です。

もう1つの問題は、仮に開発に成功したとしても、それが量産できるかという問題です。2ナノプロセスの半導体製品の開発ができて、それに必要な生産設備を備えたとしても、それで終わりではありません。量産をしてしっかり歩留まりを上げていくためには、量産のための生産技術やノウハウが必要です。それは主に経験による学習によって獲得されますので、経験のないラピダスがどれだけ量産のための知恵をキャッチアップできるか、そこが大きな試練になるのではないでしょうか。

また、2ナノプロセスは、現時点では超最先端技術ですが、5年、10年経てばコモディティ化している可能性もありますので、ラピダスが考えている中規模生産では、おそらくそれほどの儲けは出ない可能性もあります。それで本当にラピダスという会社が成り立つのかどうか。やはり大量につくらなければビジネスとしては成立しないのではないでしょうか。また、技術的なブレイクスルーのためには、それに見合う投資が人に対しても設備に対しても必要です。日本としては破格の2兆円をかけたとしても、TSMCに比べると開発・製造資金としてはまだまだ少額にすぎません。

それに加えて、これも前章で触れましたが、日本の部材や設備メーカーは、すでに日本国内の市場を相手にはしていません。大量につくるために大量の部材や大規模な設備を発注してくれる相手こそ優良顧客なわけで、大した受注も見込めないような数を追わないプロジェクトに、同じ日本企業だからと言ってラピダスが日本の設備・部材メーカーの協力を得られるとは考えにくいのです。

2 民主国家でつくる安心感という日本の価値創造

日本でつくることの最大の価値は、もはや技術でも機能や性能でもなく、日本でつくることそのものではないかと思うのです。中国の半導体や通信機器が欧米で嫌われている現状があります。恐れられていると言っても過言ではないほどです。

それは中国という、一党独裁体制の管理国家の下でつくられた通信機器を通して、企業の機密情報や個人の機微情報を扱うことに対する情緒的、感覚的な不安です。ファーウェイや TikTok など、情報の安全性に不安が示されている企業もあり、排除に至るという動きもあります。

これは、実際に安全性の問題があるというだけでなく、情緒的にその懸念を感じるということも重要なことです。中国には民間企業でも国家の情報活動に協力する義務を規定した国家情報法があります。中国企業の製品やサービスに託した個人情報が中国の国家の情報活動に利用されるのではないかという心配をする人が増えたことそのものが、中国の通信機器やサービスに対するマイナス評価につながっていると言えます。

つまり、本当に通信機器から情報が漏れているのかという事の真偽は別にしても、中国製通信機器に脅威を感じるという情緒的価値の低さが、中国製品の弱みと言えます。

ファーウェイや TikTok はネットワークの機器やサービスであり、通信を行うからこその安全性に対する情緒的な懸念があるわけですが、いまや直接的に通信を行うのは携帯電話やＰＣなどのいわゆる通信機器やサービスに限られた話ではありません。

最近のテレビは放送の受信だけでなく、各種動画配信サービスが視聴できるようにネットワークにつながっており、エアコンや冷蔵庫などもスマート家電の機能を実現するためにインターネットに接続しています。そのほか、ＧＡＦＡＭが出しているさまざまなスマート家電、例えばＡＩスピーカーなども、ＧＡＦＡＭはソフトウエアはつくれてもハードはつくれませんから、結局のところ中国がハード部分をつくっています。

ということは、中国によって機器のなかに何かを仕込まれているかもしれないという意味で言えば、家電製品もファーウェイや TikTok と同じことになるのです。

そうであるならば、企業の機密情報や個人の機微情報を扱う通信機器やさまざまな家電製品の生産を中国に任せてよいのか、ということになります。実際の脅威の有無は、この際どちらでもよい話で、要はイメージが大切なのです。何の心配もいらないというイメージさえ与えれば、中国よりその国のもののほうがよいということになるのです。

実際に、いままで低価格を理由にファーウェイ製携帯電話の基地局を導入しようとしていた欧米の企業が、ファーウェイ以外に乗り換えています。その機に乗じて乗り換えて市場に入り込むのがサムスン電子で、指をくわえて見ているだけなのが日本のだめなところです。

自由経済圏で品質が良くて技術にも定評のある日本が、中国に感じる脅威のない民主主義国がつくると手を挙げれば、特に技術的に中国より優れていなくても、同等レベルのものをつくるだけで欧米諸国は日本製を選ぶのではないでしょうか。

むしろ変に付加価値をつけることなく、当たり前の商品を安く大量につくるだけの戦略、中国の脅威、中国製品排除の隙間を埋める戦略に打って出るべきなのです。いまこそ日本製品を買ってもらうチャンスがやって来ていると思います。

半導体の最先端のプロセスの開発と同時に、最近の通信技術ではビヨンド５Ｇ、６Ｇ

という開発が進んでいます。これらも半導体の応用技術で、ラピダスがつくる先端半導体と無関係ではありません。こうしたものを日本の企業が開発して日本のファウンドリーで大量生産することができれば、世界に安心な安全な製品を提供できるベストシナリオが描けるのではないでしょうか。そうなれば、日本企業にチャンスが回ってくるかもしれません。そのためには、光電融合デバイスなどの開発製造にＪＡＳＭやラピダスがどれだけ貢献できるかが鍵となるかもしれません。

3　大量生産という台湾と韓国の価値獲得

筆者がどうしても気になるのは、ラピダスが本当にファウンドリーとして成功するのか、ということです。高めに見積もっても五分五分ぐらいの成功確率だと思っています。そうであるならば、半導体開発や通信機器の開発は日本が行い、中国ではないどこかが生産する方式を採用すべきと考えます。

先にも述べましたが、製品を開発する能力と製造する能力は違うものなので、製造する能力に長けたところをパートナーにすべきです。日本が取るべき選択肢は、TSMCやUMCなどの生産技術に優れたパートナーと手を組むことだと思うのです。

既に述べたように、マサチューセッツ工科大学のスローンマネジメントスクールで教えているイノベーションのフレームワークに、「価値創造」と「価値獲得」というのがあって、この2つが揃ってはじめてイノベーションは成功すると言われています。新たな技術、製品、事業を考える、つくる、完成させるところまでが価値創造で、それを大量に生産して大量に販売して収益を得るのが価値獲得のプロセスです。

日本は価値創造には強いが価値獲得には弱い。逆に台湾は、価値創造は下手だけど価値獲得はうまい。日本と逆さまです。だからこそ、うまく組めばチャンスがあるのではないかと言えるのです。

日本企業がなかなか台湾に投資しない1つの要因として、中国の侵攻が懸念される台湾の不安定な政治状況にあると思います。そうであるならば、なおのこと、日本と台湾の合弁事業を増やすことも重要です。台湾企業の問題は、中国にとっては国内問題にすぎないと主張するでしょうが、日台合弁であれば、それは国際問題になるからです。

また、パートナーとしてのもう1つの可能性は韓国だと思います。韓国もやはり製造は得意としているものの、新しいものを考える開発力については、少なくとも現時点では日本のほうがまだ一日の長があると言えます。

最近、岸田政権と尹政権は急速に関係改善を図ろうしているので、サムスンのファウンドリーを日本に誘致することなどできないだろうか、とも思います。韓国が気を使ってなかなか中国を排除できないとすれば、中国とのビジネスは韓国国内で行い、米国とのビジネスは日本との合弁会社をつくって日本で展開する、というのも1つの手ではないかと考えます。

それは、日本に台湾や韓国のファウンドリーを誘致することは、ラピダスにとってもプラスになるかもしれないからです。日本国内にラピダス以外にも大きなファウンドリーができれば、部材メーカーや設備メーカーも日本の市場に積極的になりますので、そのなかでラピダスも関連企業からの恩恵を受けやすくなることが考えられます。

また、外国企業であったとしても日本に多くの半導体関連の事業所が増えれば、半導体技術分野の人材供給も増え、そのなかにはラピダスで活躍する人材も多く含まれることが予想されます。まずは、日本に強い半導体の産業集積をつくり、人と技術を呼び寄せることが重要ではないでしょうか。

4　注目される後工程の協業

ファンドリーでシリコンウエハー上に回路を描き半導体回路をつくるまでの生産プロセスのことを、半導体製造の前工程と呼びます。

1枚のウエハーにはたくさんの半導体製品のチップが描かれていて、それを分割し、部品としてパッケージするプロセスを後工程と呼んでいます。本書ではあまり後工程の話に触れてきませんでしたが、日本の強みを生かすという意味で後工程が注目されています。

とはいえ、これまで注目されてきた半導体関連産業は、ファブレス、ファウンドリー、製造装置メーカー、ウエハーメーカーなど前工程の企業ばかりです。それは、前工程のビジネスの規模が後工程よりもとても大きいからです（図表10－1）。にもかかわらず、今なぜ後工程が注目されているのでしょうか。

それは、前工程における技術革新がだんだんと難しくなっているからです。チップの性能を上げるためには、単位面積当たりの回路の密度を上げる、つまりプロセスサイズ

図表10-1　半導体製造装置の世界販売額

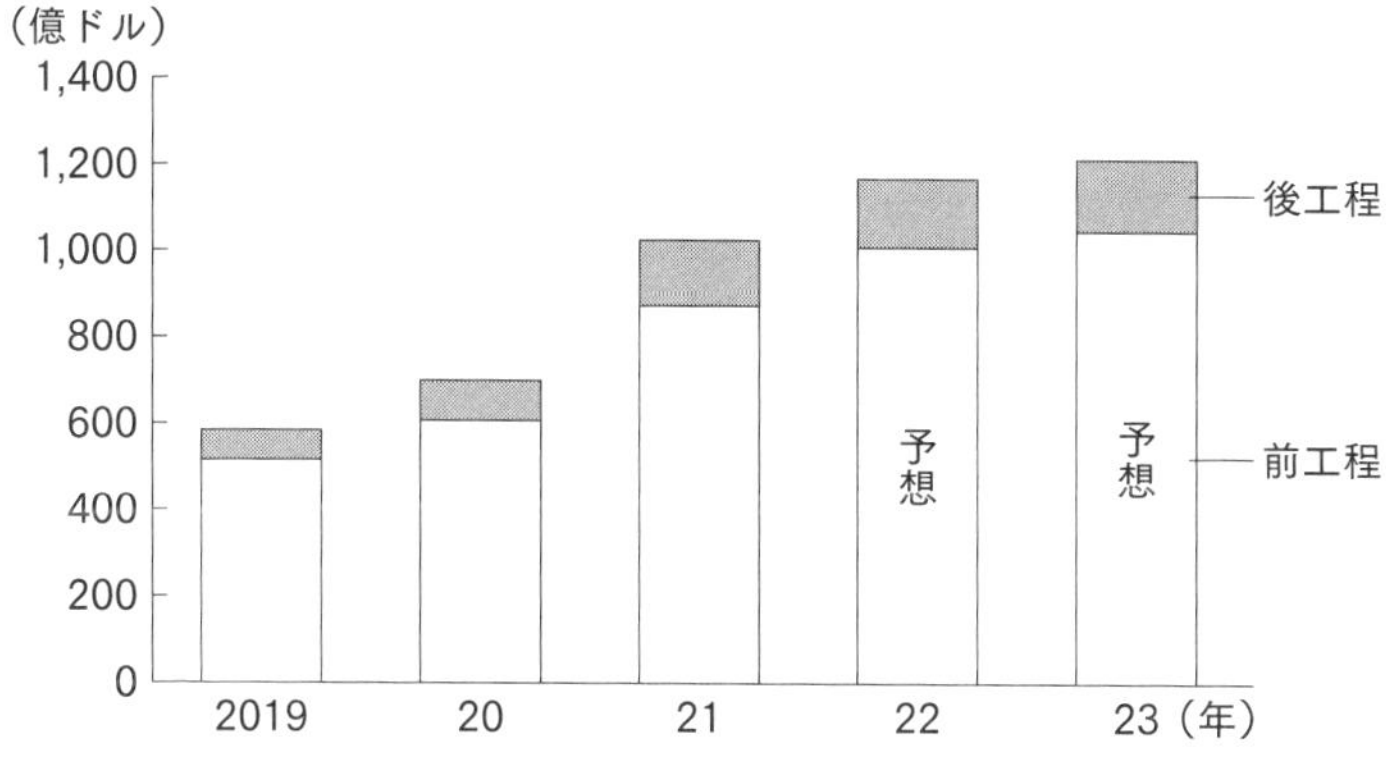

（出所）SEMI

を小さくして同じ面積でより複雑な計算ができる回路を描くようにすることが考えられてきました。

そのためより小さいプロセスサイズの半導体製造のための製品技術や製造技術が開発され、米中の競争のなかで、プロセスサイズの小さい先端半導体の製造技術を米国は囲い込もうとしているのです。ただし、これは、半導体を1枚のチップ上で2次元のなかでより複雑にするための技術開発です。

それに対して、縦、横の長さ方向にこれ以上細かい部品を実装することができないのであれば、高さ方向という3次元の方向で回路を複雑にすればいいのではないか、という考え方があります。これは3次元積層と言われる、複数のチップを重ねて１つのチップにする技術で、この技術は後工程の技術になります。つまり、今後の半導体性能向上競争の１つの鍵となるのが、後工程であるということなのです。

２０２３年12月21日の日本経済新聞は、「経済産業省は21日、韓国サムスン電子の半導体研究拠点に最大２００億円を補助すると発表した。サムスンが横浜市に新設する施設が対象。国内の半導体素材メーカーなどと連携して次世代半導体の研究開発を進める。経済産業省は支援を通じ、日本の半導体産業の競争力向上につなげる」[31]と報じました。これは後工程の研究とみられています。また、ＴＳＭＣもつくば市に後工程の開発拠点を建設する計画です[32]。

このように半導体先進国である韓国や台湾がこぞって日本に後工程の研究所を建設するのは、日本が後工程に強いからです。

ダイヤモンドオンラインの記事「半導体材料が強みのレゾナック　後工程への追い風を味方に成長めざす」[33]は、「後工程においてはレゾナックが圧倒的1位」にあり、「レゾナックの後工程材料の特徴は、主要材料の半数以上を持っている」と述べています。

これまであまり注目されなかった分野が、半導体開発競争の鍵を握ることになり、そこに日本の強みがあったわけです。ＪＡＳＭやラピダスのような前工程の話以外にも日本の強みを生かすことができる半導体ビジネスも残っているということです。

31　https://www.nikkei.com/article/DGXZQOUA212B80R21C23A2000000/
32　https://www.asahi.com/articles/ASP506T1WP50ULFA01B.html
33　https://diamond.jp/articles/-/332335

第11章

中国を敵に回しすぎないこと

1 中国との関係を完全排除することは危険

世界が中国を脅威とすることを前提とした地政学的なチャンスは、たしかに日本にあると思っています。しかしそれは、中国を完全にデカップリングすることによるもの、つまり経済的に切り離せばよいと考えているわけではありません。

中国を経済的に完全に切り離した場合の課題は3つあります。

1つは、日本から中国への輸出が減れば、日本企業の収益が減って研究開発や設備投資が弱くなるということ。

もう1つは、中国が独自の技術開発を促進してしまう可能性があること。つまり、いままでは日本や台湾から買ったほうが安上がりだったので自らはつくらなかったと考えると、日本や台湾からの輸入が途絶えれば自分たちでつくらざるを得ないのでつくり始めるでしょう。すると、案外日本や台湾より競争力のあるものをつくってしまう可能性があります。

部材や設備など、いまはまだ日本が優れているものなども、中国がつくってしまうリスクがあるのです。

最後は、日本がはしごをはずされる危険性があることです。２０２４年は、米国の大統領選挙と台湾の総統選挙の年です。台湾の総統選挙は民進党候補が勝利しました。前政権と同様に日米と歩調を合わせてくれるでしょう。一方、米国はバイデン氏再選の可能性はそれほど高くはない状況です。

もし共和党が勝ち、特に再びトランプ政権になった場合、トランプ氏は基本はビジネスパーソンです。半導体だけが米国の国策のすべてではないので、さまざまな外交パッケージのなかで半導体は中国に譲る代わりにほかの分野で譲歩しろ、という手札を切られる可能性もあります。そうなれば、日本の半導体産業は、はしごをはずされる事態となるわけです。このような事態までを考えると、中国を敵に回しすぎれば、日本だけが憂き目を見る羽目に陥る可能性があるのです。

2 地政学的に見ても台湾がベストパートナー

日本だけで垂直統合的に半導体をつくろうとする20世紀型の開発スタイルは、もはや現実的ではありませんし、結果としてニッチャーにはなれたとしても半導体大国としての復活は望めません。しかし、適切なパートナーと連携した日本連合として半導体産業で大きなシェアを取ることは、可能だと思います。

繰り返しますが、デジタルと半導体産業は1位総取りのゲームなので、どのような手段を使っても規模を追求しなければなりません。そうであれば、誰と組めば数を追うことができるか、がパートナー選びの条件になります。その相手が、米国なのか韓国なのか、はたまた台湾なのか、十分に見定める必要があります。

地政学的な問題や得意不得意の補完などを考えた時、台湾との連携の推進が一番現実的な解ではないかと思います。いまの段階では、熊本のＪＡＳＭのプロジェクトとラピダスのプロジェクトは、何のリンクもないまま進められていますが、両方をつなげる方向性を探る考えもありだと思うのです。

政府や産業界は、そうした日本の半導体産業全体のグランドデザインを考えるべきだと思うのですが、両社が連携すれば22／28ナノというコモディティから2ナノの最先端プロセスの開発まで、日本国内で生産できることになります。

さらには、いまは別々に動いているＪＡＳＭとラピダスが1つの戦略の下で動く会社であれば、22／28ナノのコモディティ半導体の需要で得られる収益を、最先端の北海道の2ナノプロセスにつぎ込むことができるのです。

いまのところそうした動きはまったくありませんし、必ずしもＪＡＳＭとラピダスが1つになることだけが解ではないと思いますが、日本の半導体産業をどのように導くのか、そのグランドデザイン、すなわち、全体の戦略そのものをしっかり描き、官民で共有していくことが必要です。

第12章

半導体産業に必要なのは経営戦略

1 戦略の基本に立ち返る

企業の活動を科学的に管理する、すなわち経営学が興ったのは今から百数十年ほどまえのことです。ちょうど産業革命が起こり工場での大量生産が始まり、米国でフレデリック・テイラーが科学的管理を訴えたのが、経営学の始まりと言われています。

初期の経営学の役割は、工場という組織の管理でした。その基本は今でも変わっていません。しっかりとした課業管理を行い、効率よく安価に大量生産を行い、規模の経済性を追求することが重要です。半導体産業のような装置産業は、特に規模の追求が必要なので、まずはしっかりたくさん安くつくるということを考える必要があります。

しかし、経営は管理だけではうまくいきません。それは技術も市場も変化するからです。いままで正しかったことが正しくなくなる、いままでのやり方が通用しない、そのような時に必要となるのが戦略です。

戦略とは、飽和した市場に新たなビジネスのチャンスを切り開く経営の知恵です。戦略の基本は、新たな製品をつくるか、新たな市場をつくるか、それにより、競合他社との価格競争を避けて独占を目指すことです。では、どのように独占を目指すか、経営を取り巻く環境と資源に着目するのです。

まわりの競合企業がいない状況をつくり出すこと、これが、環境に着目した戦略です。もう1つ、自社の内部の資源に着目して、他社が追随できない資源によって他社が入ってこられない市場をつくる、これが資源に着目した戦略です。

この資源のなかで重要なものが技術ですが、技術だけが企業の持つ資源のすべてではないことは、本書でも述べてきた通りです。また、技術も新たな製品をつくるような製品技術だけでなく、つくるものが決まったのちにそれをどれだけ大量に安定的にスピーディーかつ安価に生産するかという生産技術も必要です。

しかし、これまでの日本のエレクトロニクス産業では、製品技術という1つの資源だけにフォーカスが当たりすぎて、戦略の優劣を製品技術だけで語る傾向があったように思えます。

自社がどのように有利な環境で戦うのか、あるいは、技術以外も含めて自社がどのような差異化可能な資源を持っているのかの議論を抜きにして、いまの競争でうまくいかなければ、次の製品技術で挽回する、ということだけが日本メーカーの戦略になっていたように思えます。
こうした矮小化されたエレクトロニクス産業の戦略観を捨てて、企業を取り巻くあらゆる環境、あらゆる資源を総動員して世界の強豪よりも優れた事業を育てる必要があります。

また、戦略の目標の基本は独占です。経済学では市場経済は均衡価格を目指しますが、これは、企業間で戦略の優劣の差がない状態で、市場メカニズムによって価格が決まることを示しています。

経営学においては、企業は均衡価格以上の利益を期待します。その究極の状態が、独占市場であり、その時の価格が独占価格です。この時、独占価格と市場の均衡価格の差分が、戦略によって企業が追加的に得ることができる収益となります。この差額のことを独占レントと呼びます。

つまり、戦略とは、いかに独占レントを最大化するかということであり、イノベーションとは独占レントを最大化するためのツールと言えます。独占レントの獲得によって企業は、次の技術開発投資を安定的に行うだけの原資を得られるのです。

半導体産業の環境的な特徴としては、装置産業による規模の経済性の実現ということが挙げられ、多くの外国企業は適切なタイミングに大胆な投資を行うことで、規模の経済性を実現し、独占レントを最大化させています。

この時のイノベーションは、迅速で大胆な意思決定を行うことができる組織そのものであったり、投資の原資を稼ぐための安定的な既存事業であったり、大量生産を実現するための生産技術であったりします。必ずしも製品技術だけがイノベーションの源泉ではないのです。

2 ラピダスとＪＡＳＭの戦略的優位を考える

本書ではラピダスに対して厳しい意見を多く述べましたが、決してラピダスが失敗すればいいと思っているわけでもないですし、ラピダスの取り組みが無意味だと言っているわけでもありません。ラピダスの取り組みは、ＪＡＳＭの弱みを補完するものとして重要であるとも言えます。

本書で割と良いことばかり述べてきたＪＡＳＭですが、同社の最大の弱みについても指摘しておく必要があります。

ＪＡＳＭの戦略が機能するためには、ＣＭＯＳイメージセンサー、自動車、家電など、ＪＡＳＭの半導体の顧客となる企業の需要が旺盛で、半導体不足の状態がしばらくは続くということが前提となっています。

22／28ナノのプロセスがiPhone5時代の比較的古い技術だということはすでに述べましたが、技術的な難度が低いということは参入障壁も低いということです。また、半導体には大きな需給バランスの波があり、これまでのように半導体不足が続くような時期もあれば、供給が過剰となり生産調整に迫られる時期もあるということです。

そうした時に最後発のＪＡＳＭは、海外の多くの半導体企業と市場を奪い合う厳しい競争にさらされる可能性があります。22／28ナノは中国でもつくることができる半導体ですから、競合には中国企業も入ってきます。

ＪＡＳＭは日本の半導体企業であるので、ソニーのＣＭＯＳイメージセンサーや、日本の自動車メーカー向けの半導体需要が残るのではないかとも考えられますが、顧客企業も自社の製品の競争力を落とすわけにはいきませんので、日本企業であっても、より有利な条件で半導体が確保できるのであれば、外国企業からの半導体調達を断る理由にはならないでしょう。

厳しい競争に生き残るためには、現場ではしっかりと歩留まりを上げていくための生産技術を磨いていくことが求められますし、何度も繰り返しになりますが、半導体は数の勝負ですから、現在計画されている第２工場、第３工場と規模を拡大していくことも重要ですし、大量生産を支える、豊富な電力や水資源、あるいは物流などの整備も必要となるでしょう。特に日本は電力料金が高いこともありますし、半導体工場は電力を多く消費しますので、電力のインフラ整備も必要です。九州電力も半導体需要に応えて、変電所や送電線の増強を行っています。

ＪＡＳＭについては、製品技術の差異が小さい分だけ、戦略の環境要因でしっかり外国企業と競争ができる環境を整える必要があります。

一方で、当面は製品技術で差異化が可能で市場に競合企業が少ないことが期待できるのがラピダスです。ラピダスが狙う２ナノプロセスは、当面中国企業も手が出せないでしょう。この点で、ラピダスはＪＡＳＭとは反対に戦略の資源で優位性を持っています。しかし、２ナノの半導体を生産するためには、ラピダスはｉｍｅｃと協力をしていますが、製造設備から新規に開発をする必要があります。また、２ナノを実現するために新たな構造の半導体に取り組もうとしています。

先端半導体の量産を手掛けたことのない日本で、これらの最先端な半導体の生産技術を本当に確立できるのかという点が、技術的には課題になると思われます。

また、半導体製造を取り巻くインフラ整備の点で言えば、九州以上に電力の確保が課題になると思われます。ラピダスが消費する電力は北海道内の電力需要の10〜20％を占めると言われており、安定的な電力の供給が求められます。

数を追わずに製品差異化で独占レントの獲得を目指すには、資源の面でしっかりと外国企業よりも有利であるという裏付けが必要となります。しかし、鍵となる技術がＩＢＭやｉｍｅｃとの協業によってこれから開発する状況で、なにをもって差異化可能な資源とするのか、そこが不明確なのがラピダスの弱みです。

そうであれば、環境に目を向けて、他社を圧倒する規模を他社に先駆けて実現し、コストリーダーシップ戦略を取るのが定石ですが、ラピダスが目指すのは中規模ファウンドリーであり、環境面での優位性を示そうとしているわけでもないのです。この戦略的な中途半端さが、ラピダスに対する不安なのです。

3　後工程の強みは日本の半導体戦略の中心になるのか

第10章で日本の後工程にチャンスがあるという話をしました。後工程は前工程でウエハーに形成されたチップを分割し、一つひとつの半導体製品にパッケージングするプロセスで、日本が得意とする技術分野です。そこに3次元積層化など、チップの性能を向上させる新たな技術の可能性が見えてきたことで近年とても注目を集めています。

ただし、この後工程の日本の技術もしっかりと日本が価値獲得できるのか、戦略的に日本の優位、すなわち、日本の経済的な収益につながるのかということを考える必要があります。

先に示した後工程の販売額を見ると、後工程の販売額は増加しているものの、全体的に見れば前工程よりも圧倒的にビジネスの規模が小さいことがわかります。

サムスン電子やＴＳＭＣとの協業が進むことは日本の後工程にかかわる半導体関連企業にとってはプラスですし、だからこそ日本政府も日韓協業に支援を行っているわけです。しかし、ビジネス全体を見た時に、日本の後工程技術が、サムスンやＴＳＭＣの半導体製品の付加価値を上げることができても、その収益が主に前工程の企業に入るようでは、日本の価値獲得につながっているとは言えません。

日本の後工程の強みを日本の収益につなげるためには、後工程の取り分を増やす必要があります。今のコスト構造のまま後工程が位置づけられてしまうと、後工程の利益は薄いままになってしまいます。

後工程が今後の半導体の性能向上の鍵になるのであれば、後工程の売り上げはその分大きくなってしかるべきです。新たな技術によって機能・性能を向上させたのに、売り上げや利益が変わらないのでは、その技術開発は単なるインベンション（発明）であって、イノベーションにはならないのです。技術の成果をしっかりと経済的な価値に変える、そうした貪欲さが日本企業には求められていると言えます。

4 日本のビジネスの力が試される時

本書では、日本は製品の価値創造の力が突出して強いものの、米国や中国のようなビジネスの価値獲得の力が相対的に弱いことを示しました。

20世紀の日本は、技術一点突破でも世界の市場で優位性を示すことができましたが、ビジネスが垂直統合モデルから国際的な分業のモデルに代わり、グローバルに技術や部品の分業化が進んでいるなかでは、そこそこの数の優れた製品をつくるというやり方だけでは日本企業は通用しなくなってきました。

今でも日本企業には強い技術を生み出す現場が残っています。しかし、新たな技術を生み出す現場を維持するためには、現状のビジネスで収益を上げて、それを再投資する必要があり、それができなくなれば、技術も先細りしてしまいます。

いまの日本の製造業に求められているのは、強い技術と、それを維持し、支えるためのビジネスの力です。日本の価値創造の力はそのままに、価値獲得の力を強化すること、それが日本の半導体産業にいま求められるものですし、またそれは、日本の製造業全体の課題にも通じていると言えます。

製品技術で差をつける、から一歩踏み出して、企業の持つ資源を総動員して市場で競争優位を示す、そうした戦略をデザインしていくことが重要です。

【参考文献】

長内厚（２０２４）「地政学リスクを生き抜く半導体戦略」『Voice』ＰＨＰ研究所

――・神吉直人（２０１４）『台湾エレクトロニクス産業のものづくり――台湾ハイテク産業の組織的特徴から考える日本の針路』白桃書房

菊地正典（２０１２）『半導体工場のすべて』ダイヤモンド社

――（２０２３）『半導体産業のすべて――世界の先端企業から日本メーカーの展望まで』ダイヤモンド社

久保田龍之介（２０２３）『半導体立国ニッポンの逆襲――２０３０復活シナリオ』日経ＢＰ

椙山泰生・長内厚・亀岡京子・舟津昌平（２０２３）『越境協働の経営学――組織と国の境界を越えた事業プロセス』白桃書房

【著者紹介】

長内 厚(おさない・あつし)
早稲田大学商学学術院経営管理研究科教授
1991年東京工業大学工学部附属工業高等学校電子科卒業。97年京都大学経済学部卒業、同年ソニー株式会社入社、薄型テレビ事業立ち上げ、映像関連商品の商品企画、技術企画、プレジデント付商品戦略担当を務めた。2004年筑波大学大学院ビジネス科学研究科博士前期課程経営システム科学専攻修了、07年京都大学大学院経済学研究科ビジネス科学専攻博士後期課程修了、07年ソニー株式会社退職、同年神戸大学経済経営研究所准教授、11年早稲田大学商学学術院商学研究科准教授、16年より現職、ハーバード大学客員研究員、台湾国立政治大学客員研究員、総務省情報通信審議会専門委員などを歴任。
主な著書に『アフターマーケット戦略』(共著、白桃書房、2012年)、『台湾エレクトロニクス産業のものづくり』(共編著、白桃書房、2014年)、『イノベーション・マネジメント』(共著、中央経済社、2021年)、『越境協働の経営学』(共編著、白桃書房、2023年)などがある。

半導体逆転戦略
日本復活に必要な経営を問う

2024年4月2日　1版1刷
2024年4月19日　2刷

著者　長内厚

発行者　中川ヒロミ

発行　株式会社日経BP
日本経済新聞出版

発売　株式会社日経BPマーケティング
〒105-8308 東京都港区虎ノ門4-3-12

装幀　野網雄太

DTP　マーリンクレイン

印刷・製本　シナノ印刷

ISBN 978-4-296-11852-6 Printed in Japan